LEÇONS DE FLORE.

LEÇONS DE FLORE.

COURS

COMPLET DE BOTANIQUE

EXPLICATION DE TOUS LES SYSTÈMES, INTRODUCTION A L'ÉTUDE DES PLANTES

PAR J. L. M. POIRET

CONTINUATEUR DU DICTIONAIRE DE BOTANIQUE DE L'ENCYCLOPÉDIE MÉTHODIQUE.

SUIVI

D'UNE ICONOGRAPHIE VÉGÉTALE

en cinquante-six planches coloriées offrant près de mille objets

PAR P. J. F. TURPIN.

OUVRAGE ENTIÈREMENT NEUF.

TOME DEUXIÈME.

PARIS

C. L. F. PANCKOUCKE ÉDITEUR

Rue des Poitevins, n°. 14.

M. D. CCC. XX.

LIVRE DEUXIÈME.

CHAPITRE PREMIER.

Considérations générales sur la classification des végétaux, et sur les caractères qui constituent les individus, les espèces, les genres, les familles, etc.

C'EST avec peine que nous quittons les sentiers fleuris des vastes jardins de la nature, pour entrer dans les voies épineuses du champ des opinions et des systèmes. Au riche tableau de la végétation, à ces plantes contemplées avec tant de plaisir dans leur lieu natal, suivies depuis leur naissance jusqu'à leur mort, qui nous ont encore intéressés dans leurs débris, même après leur destruction, vont succéder des considérations particulières, suite des vastes conceptions de l'esprit humain, mais parmi lesquelles l'erreur se trouve trop souvent à côte de la vérité : nous faudra-t-il, pour découvrir la route qui y conduit, combattre à chaque pas les opinions différentes, opposer système à système, entrer en lice avec l'amour-propre de leurs auteurs? Cette marche ne sera point la nôtre; nous ne détruirons point, par des dissertations critiques, ce charme que la nature a répandu sur ses ouvrages, qui disparaît dès que l'on pénètre dans les plaines arides de la critique.

Traversant rapidement ces longs siècles de préjugés et d'erreurs, nous nous transporterons à ces temps plus heureux, où l'homme ne cherchant, dans les productions du règne végétal, que ce qui est, et non les prétendues découvertes du charlatanisme, a reconnu que la véritable science, s'appuyant sur l'observation des faits, consistait toute entière à les lier entre eux, à en saisir les rapports, et à découvrir les lois de la nature dans l'ensemble des êtres organiques.

Pour y parvenir, il a fallu fixer notre imagination, absorbée par l'œuvre immense de la création, examiner chaque objet isolément, étendre notre examen sur tous ceux qui nous sont présentés, étudier les caractères qui les éloignent ou les rapprochent, les placer ensuite dans l'ordre qui nous paraît indiqué par la nature elle-même. De cet esprit d'observation, de cette faculté de comparer, source féconde de nos idées, est née cette distribution méthodique de tous les êtres naturels, si propre à nous guider dans nos études, à diriger nos recherches, à soulager notre mémoire par des points de repos. Ils ont été établis par la formation de ces vastes groupes séparés d'abord par des caractères qui frappent tous les yeux, puis divisés en d'autres moins étendus, plus difficiles à saisir, très-souvent naturels, quelquefois arbitraires, enfin rapprochés, unis ensemble par des passages presque insensibles : alors s'agrandit pour nous le vaste tableau de l'univers; la longue chaîne des êtres se déroule à nos regards : il n'est plus pour nous d'individus isolés. Nous voyons, dans la coordonnance générale des végétaux, les rapports qui les enchaînent, les lois générales qui les régissent : ce grand travail sur l'immensité des êtres ne peut se faire que par le secours de l'art; c'est lui qui nous fait passer de l'individu à l'espèce, de l'espèce au genre, du genre à ces réunions plus étendues qui composent les familles naturelles : heureuse invention, qui nous conduit à des résultats de la plus haute importance par des routes que la nature n'a pas toujours établies, mais que l'esprit humain a su se frayer. Quoique variées arbitrairement, elles doivent toutes nous faire parvenir au même but. La perfection de la science consiste à pouvoir distinguer celles par lesquelles on y arrive le plus sûrement : tel est l'objet du travail qui va maintenant nous occuper dans la distribution des plantes en classes, genres, espèces, etc.

Un individu végétal s'offre à notre examen : pour le bien connaître, il faut en observer soigneusement toutes les parties, depuis la racine jusqu'au fruit, conformément aux détails qui ont été exposés dans la première partie de cet ouvrage. Cette recherche nous montre l'individu dans tous ses attributs. Supposons que la plante dont il est ici question soit la *giroflée des jardins* à fleurs simples (*cheiranthus incanus*, Lin.) : partout où nous trouverons des individus semblables à celui que nous venons d'examiner, ils seront toujours la même plante, je veux dire la giroflée des jardins, malgré quelques légères différences qui ne détruisent pas ses principaux attributs. Cette réunion d'individus se montrant constamment sous les mêmes formes, soit qu'ils se reproduisent par graines, par marcottes ou par boutures, etc., a reçu un nom collectif : on est convenu de lui donner celui d'*espèce*. Ainsi, réunissant, par la pensée, en un seul tout les nombreux individus de notre giroflée, ils ne formeront qu'une seule espèce.

Une autre plante se présente : nous reconnaissons, dès le premier aspect, qu'elle ne peut appartenir à l'espèce précédente; cependant, par l'examen détaillé de ses parties, nous trouvons de si grands rapports entre ces deux plantes, une telle ressemblance entre la forme des fleurs et celle des fruits, qu'il nous est impossible de les tenir éloignées l'une de l'autre. Il en est de même de plusieurs autres, qui toutes diffèrent entre elles par des caractères qui ne portent que faiblement sur les parties essentielles de la fructification : réunissant alors en un seul groupe toutes ces espèces, nous les désignons sous le nom de *genre* Ainsi, le genre renferme, d'après des caractères communs, la plupart pris dans les parties de la fructification, toutes les espèces dans lesquelles ces caractères se rencontrent. Ces petits groupes, très avantageux pour l'étude, admettent beaucoup d'arbitraire, les espèces elles-mêmes n'en sont point exemptes; cependant il est beaucoup de ces groupes tellement prononcés, qu'il est difficile de ne pas les considérer comme essentiellement naturels. Il me semble qu'on a un peu trop généralisé les opinions opposées, les uns prétendant que les genres et même les espèces n'étaient que factices, d'autres, que les uns et les autres étaient formés par la nature. Je présenterai plus bas, en traitant des genres et des espèces, des observations sur ces assertions.

L'établissement des espèces et des genres, appuyé sur les rapports et les différences des divers êtres entre eux, devient, pour l'esprit humain, une source infinie de jouissances dans le tableau des formes variées sous lesquelles la nature nous présente ses productions : nous apprenons, par là, à les considérer dans un ordre particulier, qui les tire de cette apparente confusion sous laquelle elles s'offrent à la surface du globe; mais les genres, sans une distribution convenable, seraient trop nombreux pour que nous pussions reconnaître, lorsque nous voudrions faire usage des ouvrages classiques, la place que doit y occuper l'objet que nous examinerions. Il a donc fallu imaginer des coupes plus étendues, à l'aide de caractères plus généraux, c'est-à-dire applicables à un plus grand nombre d'objets, pour réunir, dans une même division, un certain nombre de genres : on leur a donné le nom de *familles*, puis celui d'*ordres*, en réunissant plusieurs familles; enfin, pour plus grande facilité, on a cru devoir encore réunir les familles et les ordres en *classes*, qui présentent de plus grandes divisions générales peu nombreuses, dans lesquelles les ordres sont groupés, comme les genres le sont dans les familles, et celles-ci dans les ordres.

Pour leur formation, on s'est attaché à la considération d'une ou de plusieurs parties essentielles des plantes, d'où sont résultés les *méthodes* et les *systèmes :* c'est de là qu'il faut partir pour découvrir, dans un ouvrage classique quelconque, la plante que l'on veut connaître, suivant en sens contraire la marche qui a été établie pour parvenir de l'espèce au genre, du genre à la famille, de la famille à l'ordre. C'est ainsi qu'en voulant déterminer une plante d'après le *système sexuel* de Linné, nous devons commencer par nous assurer si les fleurs renferment les deux sexes, les étamines et les pistils, ou si ceux-ci sont dans des fleurs séparées; nous observons ensuite le nombre des étamines, leur proportion, leur réunion en un ou plusieurs paquets, etc. [1]. La classe déterminée d'après ces premières recherches, il nous restera à examiner le nombre des pistils qui forment les *ordres* ou les *premières divisions* des classes. L'ordre admet souvent des sous-divisions, qui renferment un certain nombre de genres, parmi lesquels il ne nous sera pas difficile de trouver celui auquel appartient la plante que nous voulons connaître : nous parviendrons à en déterminer l'espèce, en parcourant toutes celles que renferme le genre, et qui doivent y être distinguées et signalées par les caractères qui leur sont propres. Si aucun de ces caractères n'est applicable à notre plante, nous pourrons la considérer comme formant une espèce nouvelle, et même un genre nouveau, si elle ne peut entrer dans aucun des genres connus.

Telle est la marche ingénieuse qu'a suivie l'esprit humain pour nous mettre à portée de reconnaître, par la comparaison

[1] Voyez, à la fin de ce volume, l'explication et le tableau du système sexuel.

et le rapprochement, les diverses productions de la nature, tant dans le règne végétal que dans les deux autres. Quoique toutes ces distributions méthodiques soient assez généralement d'invention humaine, puisqu'elles sont variables et dépendantes de la manière dont chaque auteur considère les objets naturels, on ne peut cependant disconvenir qu'elles ne soient, dans bien des cas, indiquées par la nature elle-même, et senties par les esprits les moins exercés à l'observation.

Quel est celui qui, au premier aspect, ne sépare point naturellement les oiseaux des quadrupèdes, les quadrupèdes des reptiles, ceux-ci des poissons, etc., et qui ensuite ne parvienne à découvrir des coupes très-naturelles dans ces grandes classes? De même, dans le règne végétal, il ne faut avoir que des yeux pour y reconnaître des groupes tout formés, tels que les champignons, les mousses, les fougères, les graminées, les ombellifères, les labiées, les crucifères, etc. Mais lorsque, séduits par ces premiers aperçus, nous cherchons à grouper également toutes les autres productions de ce beau règne, à diviser chaque groupe en genres, chaque genre en espèces; puis à coordonner toutes ces divisions, à en former une suite non interrompue : c'est alors que les difficultés naissent en foule; que nous rencontrons, dans notre marche, des interruptions qui coupent la chaîne des êtres; que les chaînons qui semblent devoir les unir, nous échappent. Nous soupçonnons, avec quelque fondement, que cette interruption peut être remplie par des espèces dont l'existence ne nous est pas encore connue : des découvertes heureuses nous confirment dans ces idées; elles remplissent des vides, rapprochent des familles qui n'avaient d'abord que des rapports très-éloignés, et établissent l'existence de plusieurs autres; mais il arrive aussi que ces mêmes découvertes nous offrent des objets qui semblent contrarier nos divisions, et dont nous ne pouvons découvrir la véritable place dans la série naturelle des êtres.

C'est alors que, pour nous reconnaître et assigner à ces objets une place provisoire, il nous a fallu ranger toutes ces familles entre elles d'après des divisions souvent arbitraires, qui exigent d'ailleurs une connaissance approfondie des attributs particuliers de chaque être, des rapports qui les unissent, des caractères qui les distinguent; mais comme parmi ces caractères il en est de plus ou moins essentiels, la difficulté consiste à en déterminer la valeur. Cette découverte est le fruit de longues études et d'une grande habitude de l'observation ; encore est-il bien difficile que les auteurs soient parfaitement d'accord sur tous les points, chacun d'eux considérant les objets sous des aspects différens. De là est née cette variation dans les opinions, d'abord flottantes et sans principes : telle a été, chez les anciens, la distribution des plantes, d'après leur lieu natal, en plantes terrestres, aquatiques, sauvages, cultivées, ou d'après leurs propriétés médicales, économiques, etc., établissant leurs caractères distinctifs sur leur port, leur grandeur respective, leur consistance herbacée ou ligneuse ; sur la forme de leurs feuilles, sur leur inflorescence, négligeant la considération de parties beaucoup plus essentielles, telles que les organes sexuels, ceux de la fructification, le mode de germination, etc. Ce n'est qu'après une longue suite de siècles qu'enfin il a été reconnu que, pour parvenir à distribuer les plantes convenablement, il fallait rechercher quelles étaient en elles les parties les plus propres à fournir des caractères faciles à reconnaître, et en même temps les moins variables. Il en existe de plusieurs sortes, selon les divisions que l'on se propose d'établir.

Un individu, considéré isolément, a des attributs qui le constituent ce qu'il est, mais il n'a encore pour nous aucune sorte de caractères : ceux-ci ne nous seront connus qu'au moment où nous le comparerons avec un autre. Les caractères des plantes, comme ceux de tous les êtres naturels, sont donc le résultat de la comparaison, et comme elle peut avoir lieu entre des êtres plus ou moins éloignés les uns des autres, il s'ensuit qu'il existe autant de sortes de caractères, que de points de comparaison. Si, par exemple, je veux distinguer les plantes des animaux, il est évident que, dans ce cas, les caractères distinctifs ne seront pris ni dans la forme des feuilles, ni dans la disposition des fleurs, ni dans la nature des fruits, mais dans les principes constituans des végétaux, et dans le mode entier de leur existence : c'est un *caractère d'organisation.*

Ce n'est donc qu'en rapprochant les plantes entre elles qu'on peut découvrir leurs véritables caractères botaniques : ces caractères sont également de différentes sortes, selon les rapports sous lesquels les plantes sont considérées, et selon les divisions dans lesquelles nous voulons les faire entrer. Ainsi, en rapprochant deux ou plusieurs espèces très-voisines, si, après un examen exact de toutes leurs parties, nous faisons abstraction de toutes celles qui se ressemblent, et que nous ne conservions que celles qui offrent des différences constantes, ces *différences* formeront les caractères de chacune de ces espèces, et constitueront ce que l'on nomme *caractères spécifiques*, pourvu toutefois que ces plantes appartiennent au même genre, et qu'elles se reproduisent constamment les mêmes par la génération : autrement, elles ne seraient que des variétés. Le caractère spécifique est fourni par toutes les parties de la plante, même par celles des fleurs, qui n'entrent point dans la composition du caractère générique.

Ce dernier est double : l'un, que l'on nomme *caractère naturel*, l'autre, *caractère essentiel*. Le premier consiste dans la description de toutes les parties de la fleur, en évitant néanmoins de trop s'attacher aux formes, qui peuvent varier, selon les espèces, et appartenir plutôt aux caractères spécifiques : telles, par exemple, que les divisions obtuses ou aiguës du calice, les pétales ovales ou lancéolés, etc. ; le *caractère essentiel* consiste, comme pour l'espèce, dans la comparaison que l'on établit entre plusieurs genres très-rapprochés, pourvu que la différence qui en résulte porte sur des parties importantes, non susceptibles de variations. Ces caractères sont dans la nature, ils sont indépendans de la volonté ; mais il n'en est pas de même des genres, qu'ils servent à former : chacun se croit autorisé à choisir, dans la même fleur, d'après des règles de pure convention, un ou plusieurs caractères réunis, pour les faire concourir à la formation d'un ou de plusieurs genres, selon le degré d'importance que l'on attache à tel ou tel caractère, empruntés tantôt d'un organe, tantôt d'un autre. C'est ainsi que Linné a établi le genre *cassia* sur la conformation de la corolle et des étamines, et non d'après le fruit très-différent dans les espèces ; tandis qu'il a caractérisé les *geranium* d'après le fruit, employant, pour des sous-divisions, les formes variées de la corolle et des étamines. D'autres, depuis ce célèbre naturaliste, ont vu autrement : ils ont divisé les geranium en trois genres.

Il est un grand nombre de genres qui se rattachent entre

eux par des caractères plus généraux : on en a formé autant de groupes sous le nom d'*ordres* ou de *familles*. Les notes employées pour leur réunion se nomment *caractères d'ordre* ou de *famille*. Quoiqu'ils soient tirés principalement des organes de la reproduction, on y fait entrer aussi les autres parties des plantes, telles que leur port, la disposition générale des feuilles, etc.; mais lorsqu'il s'agit ensuite de coordonner toutes ces familles entre elles, de les distribuer elles-mêmes en groupes, nous sommes arrêtés à chaque pas, faute de connaissances suffisantes. Nous avons bien découvert quelques grandes divisions primaires, telles que l'absence ou la présence des organes sexuels, le nombre des cotylédons, qui a la plus grande influence tant sur la structure du tissu interne des végétaux, que sur la disposition de leurs parties externes; mais ces coupes, très-naturelles, sont trop étendues; elles en exigent d'autres, que nous n'avons encore pu établir que par le secours de moyens artificiels. Ils consistent à choisir, dans les fleurs, quelques-unes de leurs parties les plus essentielles, et les plus propres à fournir un certain nombre de divisions, auxquelles on a donné le nom de *classes*, et celui de *caractères classiques* aux notes qui les déterminent : d'où résulte la formation des méthodes ou des *systèmes*. C'est d'après cette idée ingénieuse, que Tournefort a employé, pour sa méthode, les différentes formes de la corolle, et Linné, pour son système sexuel, le nombre des étamines et des pistils, etc.; M. de Jussieu, lui-même, a cru devoir, pour l'arrangement de ses familles, employer les mêmes moyens, en se servant, pour ses divisions classiques, de l'absence ou de la présence de la corolle monopétale ou polypétale, de sa position, ainsi que de celle des étamines relativement au pistil, etc. Avant d'entrer dans les détails qu'exigent toutes ces divisions méthodiques dont je viens de présenter l'ensemble, je crois devoir offrir au lecteur le brillant tableau du *règne végétal* tracé par Linné.

L'expression de *règne végétal* est une aimable allégorie qui nous donne, en deux mots, l'idée de ces productions de la nature comprises sous le nom de plantes, considérées ici comme formant une division particulière, séparée des animaux et des minéraux, qu'on a également distribués en deux autres règnes.

Linné, enchérissant sur cette première idée, a établi l'*em-*

pire de Flore; il l'a divisé en tribus, a fixé l'état et le rang des individus qui les composent.

La première tribu est formée par les plantes *monocotylédones :* elle renferme les palmiers, les graminées, les liliacées.

La seconde, par les *dicotylédones :* elle se compose des herbes et des arbres.

La troisième, par les *acotylédones :* elle comprend les fougères, les mousses, les algues et les champignons.

I.

Les *palmiers* sont les princes de ce bel empire; ils habitent les plus riches contrées du globe, celles où le soleil brille avec le plus d'éclat, les magnifiques et riantes provinces de l'Inde; ils s'élèvent avec majesté sur une grande et belle colonne lisse, cylindrique, couronnée d'une touffe de feuilles toujours vertes, d'entre lesquelles pendent de longues grappes de fruits délicieux; ils sont tributaires des grands animaux, et surtout de l'homme, leur chef.

Les *graminées* sont des plébéiens très-nombreux, répandus partout, robustes, peu délicats, d'un extérieur simple, existant particulièrement dans les campagnes, qu'on écrase, qu'on foule aux pieds impunément, et qui n'en deviennent que plus nombreux : ils sont négligés et méprisés, quoique la force et le soutien de l'empire. Le soin de leur conservation coûte peu, et cependant ils payent de forts tributs à tous les animaux granivores : ils nourrissent l'homme.

Les *lis* sont les patriciens; ils en imposent par la vivacité et le luxe de leurs couleurs, brillent par l'élégance de leurs formes, et sont un des plus beaux ornemens de l'empire de Flore.

II.

Les *herbes* forment l'ordre de la noblesse. Ornement des prairies, elles s'y montrent sous toutes sortes de formes, attirent les regards par leurs couleurs variées, récréent l'odorat par leurs parfums, et flattent le palais par leur saveur.

Les *arbres* constituent l'ordre des grands; ils composent les forêts, ces vastes et beaux jardins de la nature; leur souche antique se divise en un grand nombre de rameaux; leur cime élevée se perd dans les nues, arrête l'impétuosité des vents, protége de son ombre les plantes délicates, répand sur elles une rosée bienfaisante, et fournit une retraite aux chantres ailés des forêts. De la surabondance de leurs sucs, ils nourrissent les plantes parasites; d'autres ne les quittent point : ils sont leurs esclaves ou composent leur cour.

Parmi eux, les arbrisseaux épineux sont autant de soldats armés pour écarter les attaques des quadrupèdes.

III.

Les *fougères*, habitans nouveaux, à peine connus, vivant sans éclat, dans l'obscurité, à l'ombre des bois, préparent pour la postérité un terreau fertile.

Les *mousses*, esclaves destinés au service des autres plantes, occupent les lieux que celles-ci n'ont point encore abordés ou qu'elles ont abandonnés; plus tard, elles en recouvrent les semences et les racines, les garantissent des rigueurs de l'hiver, défendent les jeunes pousses des ardeurs de l'été. Elles sont très-vivaces : plus vigoureuses dans les temps froids et humides, elles forment et augmentent la terre végétale, la disposent à recevoir les autres plantes.

Les *algues*, inférieures aux mousses, n'existant que par l'humidité, malpropres, sans éclat, presque nues, jettent les premiers fondemens de la terre végétale.

Les *champignons*, nomades barbares, sales, nus, putrides, voraces, s'attachant à la substance des autres plantes qu'ils détruisent, vivant de leurs débris infects, ne se montrant qu'après la saison des fleurs.

On reconnaît, dans cette belle allégorie, qu'il faut lire dans les ouvrages de Linné, la brillante imagination de cet auteur à jamais célèbre, dont le style est d'ailleurs si sévère lorsqu'il s'agit de descriptions rigoureuses.

CHAPITRE SECOND.

Des espèces.

La détermination des espèces est le travail le plus important du naturaliste, il en est aussi le plus difficile. Tant qu'un objet est considéré isolément, ce n'est qu'un individu : il suffit, pour le bien connaître, d'en examiner toutes les parties, tous les attributs. Si le travail était borné à ces recherches, par lesquelles cependant il faut nécessairement commencer, il aurait peu de difficultés ; mais bientôt se présentent d'autres êtres assez semblables à celui que nous avons d'abord observé, qui en diffèrent par quelques caractères particuliers, et qui nécessitent dès lors une comparaison entre deux ou plusieurs individus. En examinant attentivement tous les points par lesquels ils se rapprochent et ceux par lesquels ils diffèrent, nous aurons à prononcer sur l'importance des caractères qui les séparent : la distinction des espèces sera la suite de cet examen.

C'est ici que les difficultés naissent en foule : les individus provenus des semences de la même plante offrent souvent entre eux des différences très-remarquables, et telles que, si l'on ignorait leur origine, on n'hésiterait presque pas à les regarder comme autant d'espèces distinctes. A la vérité, cette difficulté semble disparaître, en admettant pour principe *que tous les individus produits par les semences de la même plante appartiennent essentiellement à la même espèce, quelles que soient les différences accidentelles qui surviennent à ces individus.*

L'application de ce principe éprouve peu de difficultés pour les plantes que nous cultivons, et dont nous connaissons l'origine. Nous pouvons toujours rapporter avec certitude les variétés qu'elles fournissent, à l'espèce qui les a produites ; mais il n'en est pas de même pour les plantes que nous rencontrons dans la nature, ou que nous observons isolées dans les collections : il faut, pour celles-ci, toute l'intelligence du botaniste, beaucoup d'expérience, une longue suite d'observations : encore lui arrivera-t-il souvent de ne prononcer que par conjectures sur la distinction de plusieurs espèces, incertain si les caractères qui les différencient ne sont pas plutôt des variétés locales, que des attributs constans et invariables.

Nous avons tous les jours la preuve que les tiges, les feuilles, etc., varient d'une manière étonnante dans certaines plantes : les premières, par leur consistance herbacée ou ligneuse, par leur position dressée ou couchée, par leur structure simple ou rameuse; les secondes, par leur forme, leur grandeur, leur bordure entière, sinuée, lobée ou dentée, etc. Les calices, dans les fleurs, varient par leurs découpures; les pétales, par leur nombre, par leur grandeur, par leur forme : il en est de même du nombre des étamines et des styles; les fruits eux-mêmes nous présentent beaucoup de variétés dans leur grosseur, leur couleur, leur forme, dans le nombre de leurs loges et de leurs semences, occasionées par l'avortement de plusieurs d'entre elles.

Malgré ces observations, qui font sentir combien est difficile la distinction des espèces, et la rapidité avec laquelle elles se sont multipliées aux yeux des botanistes peu expérimentés, nous croyons cependant qu'on peut parvenir, à la longue, à saisir les caractères qui constituent une véritable espèce.

Ces caractères, ou plutôt la différence qui existe entre deux espèces est dépendante de l'organisation particulière de chacune d'elles : par exemple, la distribution et la direction des nervures dans les feuilles établissent une distinction assez constante dans les espèces; celles dont les nervures sont toutes longitudinales, dirigées de la base au sommet des feuilles; celles où elles sont latérales et confluentes vers le bord des feuilles, les conservent telles, quelles que soient les variétés : si elles offrent une autre disposition, elles annoncent une autre espèce. Les nervures latérales, qui s'étendent jusqu'au bord des feuilles, peuvent, en les dépassant quelquefois, les rendre dentées, lobées ou épineuses à leur contour, tandis que d'autres restent entières souvent sur le même individu : telles sont les feuilles du houx, du chêne-vert, de l'aune, de l'érable plane, etc., entières ou épineuses dans les deux premiers, dentées, lobées ou crépues dans les deux autres. Il en est de même de beaucoup d'autres caractères qui tiennent essentiellement à l'organisation particulière de la plante, tels que l'inflorescence dans un grand nombre de cas, la situation des feuilles, la distribution et la direction des branches et des rameaux : d'ailleurs, l'expérience nous apprend tous les jours qu'elles sont plus sujettes à fournir des variétés, que beaucoup d'autres.

Il faut aussi convenir que nous trouvons rarement dans la nature ces nombreuses variétés qui existent dans nos jardins : la raison en est qu'à force de culture et de soins, nous parvenons à faire croître des plantes à une exposition, à une température, et dans un sol où elles ne seraient jamais venues, si elles eussent été abandonnées à elles-mêmes. Toutes ces circonstances locales leur font perdre une partie de leurs caractères, et changent très-souvent leur port naturel, en les rendant ou plus grandes, ou plus petites. Si l'on excepte ces plantes rustiques qui croissent presque indifféremment dans toutes sortes de terrains et à toute exposition, les autres semblent être destinées par la nature à n'exister que dans des contrées, dans des sols et à des expositions particulières : leurs graines, quoique souvent disséminées au loin, ne réussissent que dans les localités qui leur conviennent; partout ailleurs, ou bien elles ne germent pas, ou les individus qui y croissent, faibles et languissans, périssent avant la maturité des semences. Il est telle plante des hautes montagnes, qu'on n'a jamais rencontrée dans les plaines, et qui cependant se propage dans nos jardins d'après les raisons exposées plus haut. Il se trouve cependant des circonstances particulières où des plantes finissent par se naturaliser dans des climats ou des terrains qui leur sont étrangers : alors il en résulte des variétés qui perdent à la longue leur type originel, et se reproduisent, à la suite de nombreuses générations, douées de ces nouveaux attributs qu'elles ne perdent point, et qui portent à faire croire à la formation de nouvelles espèces. Il serait alors à désirer qu'on pût reporter ces plantes dans la patrie de leur aïeux, en suivre les générations successives, et s'assurer si elles reprendraient avec le temps leur caractère primitif.

La détermination des espèces n'est donc point et ne peut être arbitraire. C'est à tort que quelques auteurs ont prétendu qu'il n'existait dans la nature que des individus : elle a donné aux espèces une détermination constante, des caractères qui se perpétuent de génération en génération, qui quelquefois peuvent être altérés par des circonstances locales, mais qui souvent se rétablissent lorsque les plantes se retrouvent dans leur première situation. Si ces caractères ne sont pas toujours ceux que nous leur attribuons, c'est que plusieurs nous échappent, faute d'observations suffisantes : d'où il suit que nos espèces peuvent bien être arbitraires, mais jamais celles de la nature. De là est née la variété des opinions : elle existera toujours pour un grand nombre de plantes vues sèches dans les herbiers, ou dont on n'a pu observer la reproduction. De pareils doutes ne pourront être levés qu'autant qu'on se trouvera à portée de suivre ces plantes dans leur lieu natal. Au reste, ce ne sont pas toujours les différences les plus apparentes qui constituent le caractère de l'espèce : elles ne forment quelquefois que de simples variétés, comme dans le *sureau commun* à feuilles laciniées.

D'un autre côté, il arrive que, dans certaines plantes, les caractères spécifiques sont si peu apparens, qu'il faut la plus grande attention pour les apercevoir : je me bornerai à en citer un exemple. Le *spergula arvensis* (la spargoute) et le *spergula pentandra* sont deux plantes qu'il est facile de confondre quand on ne considère que leur port. Le caractère établi sur le nombre des étamines ne peut être admis, la première n'ayant quelquefois que cinq étamines, comme la seconde, au lieu de dix; mais, dans le *spergula pentandra*, les semences sont lisses, comprimées, entourées d'une bordure blanchâtre et membraneuse, tandis que, dans le *spergula arvensis*, elles sont convexes, un peu ridées, et sans rebord membraneux.

C'est ici que le botaniste doit devenir minutieux, presque à l'excès; qu'il doit oublier momentanément ces grandes vues qui embrassent l'ensemble des êtres dans tous leurs rapports, et qui les lient les uns aux autres : ici, il ne doit voir d'abord que l'individu, en examiner tous les attributs; la disposition et la forme des poils, des glandes, des pores; la distribution et les ramifications des nervures et des veines dans les feuilles, les pétales, etc.; enfin les modifications des organes même en apparence les moins importans. C'est de l'ensemble de ces observations que résulte la connaissance parfaite des plantes, et cette expérience qui fait distinguer l'espèce de la variété.

Tout pénible que puisse paraître un pareil travail pour une

imagination active, toujours disposée à planer sur les grands phénomènes de l'univers, il n'est pas moins nécessaire pour nous guider dans nos observations, rectifier notre jugement, donner plus d'intérêt à nos méditations, et nous initier dans ces détails, qui, seuls, nous conduisent à la découverte des lois de la nature; c'est enfin le moyen de lui dérober quelques-uns de ses secrets. Dans les arts, comme dans la nature, l'ensemble d'un grand tableau ne nous frappe que par la perfection et l'accord des détails : nous en éprouvons l'effet; mais l'artiste seul peut juger des causes qui le produisent. C'est pour avoir trop long-temps méconnu ces sortes de recherches, que la science a fait, pendant une longue suite de siècles, si peu de progrès. Que de merveilles n'a-t-on pas découvert dans les seuls organes sexuels, dans les anthères, dans le *pollen* fécondant qu'elles renferment, dans la forme, la position de l'embryon, ainsi que dans toutes les parties qui l'accompagnent! autant d'observations minutieuses en apparence, que l'œil peut à peine saisir, mais dont la grande importance est aujourd'hui généralement reconnue.

Les variétés peuvent-elles quelquefois parvenir à former de nouvelles espèces, soit parmi les plantes incultes, nées, par des circonstances locales, dans des contrées ou dans un sol différent de celui qu'elles habitaient d'abord, soit plus fréquemment, dans nos jardins, par les changemens que la culture occasione dans les individus? Faudra-t-il placer au nombre des espèces toute plante qui conserverait, par une suite de générations bien constatées, les nouveaux attributs sous lesquels elle se présente depuis long-temps dans nos parterres ou nos vergers? Si les variétés, reproduites constamment les mêmes par les semences, ne peuvent pas obtenir, avec le temps, les prérogatives d'une espèce nouvelle, il faudra alors renoncer au principe fondamental établi pour la distinction des espèces : si nous l'abandonnons, ou si nous voulons y mettre des exceptions, tout rentrera dans l'arbitraire, la confusion et le désordre.

J'en trouve la preuve dans les peines inutiles que nous nous sommes données jusqu'à présent pour découvrir, dans la nature, l'espèce primitive d'un grand nombre de plantes livrées depuis des siècles à la culture. Comment se fait-il qu'elle ait échappé aux recherches de tous les voyageurs naturalistes qui ont parcouru avec tant de soins toutes les contrées du globe? Plusieurs espèces de froment, d'orge et d'avoine, plusieurs plantes potagères, légumineuses et autres ne nous sont connues que dans leur état de culture : je ne doute presque pas qu'elles ne doivent leur existence à quelques-unes des autres plantes sauvages du même genre, dont elles se rapprochent. Les variétés les plus frappantes semblent être une disposition et, en quelque sorte, un essai que fait la nature pour le passage d'une espèce à une autre. On a, jusqu'à présent, donné trop peu d'attention à ces variétés : elles pourraient néanmoins nous fournir des faits très-importans sur la formation des espèces, sur les moyens qu'emploie la nature pour en multiplier le nombre, sur les changemens, les altérations que leur font éprouver les circonstances locales.

Quoiqu'il paraisse un peu téméraire, d'après l'opinion la plus généralement adoptée, d'avancer qu'il se forme de nouvelles espèces dans la nature, il est bien difficile de nier cette assertion quand on observe avec soin ce qui se passe tous les jours dans nos jardins, où il n'est pas rare de voir des variétés finir par se reproduire constamment les mêmes par leurs semences. Pourquoi la même chose n'arriverait-elle pas dans la nature? A la vérité, il nous est plus difficile d'en acquérir la certitude, parce qu'en découvrant une nouvelle espèce, même dans des lieux depuis long-temps parcourus, nous sommes portés à croire qu'elle n'avait point été observée, n'ayant d'ailleurs aucun moyen pour prononcer sur son origine : il s'en trouve néanmoins qui sont tellement intermédiaires entre deux autres espèces connues, qu'on n'a pu s'empêcher de les regarder comme des hybrides, produites par l'émission de la poussière des étamines d'une espèce sur une autre espèce [1]; d'où résulte quelquefois une nouvelle plante, qui tient de l'une et de l'autre. Ce phénomène n'est pas très-rare dans les grands jardins, où se trouvent réunies, dans les mêmes parterres, des plantes nombreuses appartenant au même genre, par conséquent très-rapprochées les unes des autres.

Le mélange de la poussière des étamines n'est pas la seule cause qui produise de nouvelles espèces : les circonstances

[1] Voyez *Amœn. academ.* : LIN., vol. III, *Plantæ hybridæ*.

locales, la nature différente du sol, l'exposition à l'ombre ou au soleil, sur les hauteurs, dans les plaines ou les vallées, dans les lieux secs ou humides; le changement de température et de climat, peuvent occasioner et occasionent en effet tous les jours des changemens notables dans le caractère des plantes. Il en résulte d'abord des variétés dont quelques-unes finissent par se reproduire avec leurs nouveaux caractères, et par prendre place parmi les espèces; il est même à croire qu'elles se forment assez fréquemment dans les contrées abandonnées à leurs seules productions, et où croissent souvent, dans un très-petit espace de terrain, un très-grand nombre de plantes du même genre : telles, au cap de Bonne-Espérance, les bruyères, les géranium, les mésembrianthémum, les euphorbes, les aloès, les crassules, les glaïeuls, les ixia, etc.

Outre les causes locales, on peut encore ajouter le grand nombre d'étamines dont la plupart de ces plantes sont pourvues : d'où il doit résulter, quand leur poussière est dispersée par les vents, si violens dans ces contrées, un mélange favorable à la production de plantes hybrides. Nous voyons en effet que les genres les plus nombreux en espèces sont, la plupart, les plus fournis d'étamines : tels sont ceux cités plus haut, ainsi que les mimosas, les rosiers, les renoncules, les anémones, les cistes, etc. Ces genres grossissent tous les jours, et renferment de plus un nombre incalculable de variétés.

Non-seulement nous concevons la possibilité de la création d'espèces nouvelles, mais encore nous en avons fréquemment la preuve sous les yeux. Je ne parlerai pas de plusieurs hybrides bien reconnues; mais combien de plantes se montrent, pour la première fois, dans nos jardins de botanique, dont on ne connaît ni l'origine ni la patrie, qu'on ne se rappelle pas d'avoir ni ensemencées ni cultivées! Elles se rapprochent, à la vérité, d'autres plantes connues, mais avec lesquelles on ne peut les confondre : reproduites par leurs semences, elles se placent alors parmi les espèces. D'une autre part, que de variétés se découvrent tous les jours parmi nos plantes potagères ou légumineuses, parmi nos fleurs d'ornement, qui pourront bien avec le temps conserver, par la reproduction, leur nouveau caractère!

Il est, à la vérité, très-difficile de prouver autrement

que par l'analogie, qu'une espèce a été produite par une ou plusieurs autres, surtout pour les plantes des champs, dont on ne peut pas suivre les mélanges. Je crois pouvoir, à ce sujet, présenter les considérations suivantes, non comme principes, mais comme autant de problèmes que je soumets à l'examen et aux observations des naturalistes :

1°. Il se forme, quand les circonstances sont favorables, de nouvelles espèces de plantes à la surface du globe, soit par le changement de localité, soit par le moyen d'autres espèces congénères.

2°. Une espèce unique en son genre, ou unique dans une contrée, ne peut produire d'espèces nouvelles que par un changement de localité, très-rarement par une fécondation bâtarde.

3°. La production des espèces nouvelles doit être d'autant plus fréquente, que les contrées où elles se forment sont plus abondantes en autres espèces du même genre. Cette nouvelle création a lieu plus particulièrement par une fécondation bâtarde, c'est-à-dire par l'émission de la poussière des étamines d'une plante sur une autre plante d'une espèce différente.

4°. Le mélange des étamines d'espèces congénères produit d'autres espèces congénères.

5°. Lorsqu'une plante est fécondée par les étamines d'une autre plante d'un genre différent, mais très-voisin, il peut en résulter un genre nouveau.

Je répète que je ne présente ici ces idées que comme des conjectures, qu'on prendra pour ce qu'elles valent : elles me semblent mériter quelque attention, pourvu qu'on ne croie pas que je veuille établir un système. Je sais qu'on est toujours tenté de repousser tout ce qui s'oppose aux idées reçues ; mais je sais aussi que ce n'est souvent qu'à force de conjectures qu'on peut parvenir à découvrir la vérité, avec la réserve néanmoins de ne pas donner pour elle ce qui n'est encore qu'un simple soupçon.

Si, dans une matière aussi épineuse, quelques exemples ne suffisent pas pour prouver ce que je viens d'exposer, ils suffiront du moins pour fixer l'attention, et conduire à des observations plus étendues. Peut-on, en effet, ne pas reconnaître, dans un grand nombre de genres, des rapports tels entre les espèces, qu'elles sont souvent très-difficiles à distinguer, et portent à croire qu'elles doivent leur origine à une souche commune, je veux dire à une espèce primitive. Prenons pour exemple le genre *saxifrage* : la plupart des nombreuses espèces qui le composent se plaisent, de préférence, sur les hauteurs, dans des terrains secs et pierreux : elles croissent particulièrement dans les montagnes des Pyrénées et des Alpes à différentes élévations. Il en est qu'on ne rencontre que sur le sommet des rochers les plus élevés : celles-ci, continuant à croître au même point d'élévation et à la même exposition, ont conservé leur caractère; mais à mesure que leurs semences se sont répandues dans les terrains inférieurs (supposition qui n'a rien de contraire aux lois de la nature), à mesure qu'elles sont parvenues à se reproduire dans un sol et à une exposition un peu différens de leur lieu natal, elles doivent avoir éprouvé quelques changemens dans leur port, dans leur développement, dans quelques-uns de leurs caractères spécifiques, occasionés par l'influence d'une température plus douce et par d'autres circonstances.

Ces changemens deviendront bien plus sensibles à mesure que ces plantes gagneront des lieux plus bas, qu'elles croîtront dans des sols un peu différens, moins arides, plus humectés, plus gazonneux, etc. : alors leurs tiges, d'abord presque nulles, s'allongent, se ramifient; leurs feuilles prennent plus de développement, plus d'ampleur; les fleurs sont plus grandes, plus nombreuses, diversement colorées, selon qu'elles se trouvent ou frappées par les rayons du soleil, ou ombragées par d'autres végétaux; enfin une foule de circonstances peuvent altérer continuellement les caractères primitifs des espèces anciennes, et donner naissance à de nouvelles. Les unes et les autres continuant à se reproduire, il en résulte une suite d'espèces d'autant plus rapprochées, qu'elles sont nées à des hauteurs et dans des sols peu différens; mais plus elles s'éloigneront de leur terre natale, plus elles différeront entre elles, et l'espèce qui croît au sommet des Alpes ne se retrouvera plus à leurs pieds : elle n'y arrivera que lorsque ses semences auront éprouvé plusieurs mutations en descendant de ces hauteurs, et produisant des individus que l'influence de chaque zone aura rendus plus propres à vivre dans une température plus douce et dans un sol moins aride. Sans ces passages gradués, établis par la nature, le nombre des espèces serait bien moins étendu.

On peut encore remarquer que les genres ne multiplient leurs espèces qu'autant que celles-ci croissent dans des sols et à des expositions différentes : le même terrain ne fournit ordinairement qu'un très-petit nombre d'espèces. Ce sont principalement les plantes des montagnes, répandues ensuite dans les plaines, dans les bas lieux, qui produisent, par les variétés, les espèces les plus nombreuses : telles sont celles renfermées dans les *antirrhinum*, les *teucrium*, les *geranium*, les plantains, les gentianes, les véroniques, les thyms, les saules, les saxifrages, les renoncules, etc.

Nous sentirons encore mieux la formation des espèces, si nous nous reportons aux grandes révolutions que le globe terrestre a éprouvées. L'époque la plus remarquable de leur multiplication est celle, sans doute, où les eaux, couvrant la surface du continent, ont commencé à se retirer : nos montagnes, aujourd'hui les plus élevées, telles que celles des Pyrénées et des Alpes, ne devaient être alors que le plateau d'îles saillantes au-dessus des eaux; leur élévation, et par conséquent leur température, étaient bien différentes de ce qu'elles sont aujourd'hui, et les plantes que nous y trouvons maintenant ne pouvaient pas être les mêmes. Avec l'abaissement ou la retraite des eaux, les plaines sont devenues des sommets de montagnes; la température, l'exposition, la qualité du terrain ont cessé d'être les mêmes; la nature des végétaux doit avoir également éprouvé de grands changemens. Ils ont pris insensiblement le caractère des nouvelles localités : les arbres ont disparu sur les grandes hauteurs; ceux qui ont pu résister, tels que les bouleaux, les saules, etc., se sont déformés, rapetissés, convertis en petits arbustes rampans; les tiges des plantes herbacées, raccourcies ou durcies en souches presque ligneuses, ont perdu leurs ramifications, ou bien elles se sont étalées sur les rochers en touffes gazonneuses; les feuilles, frappées par le froid, se sont rétrécies et durcies; enfin, le port entier des plantes, les formes de leurs organes ont pris peu à peu un autre aspect, tandis que celles de leurs semences qui ont suivi les eaux dans leur abaissement, se trouvant dans la même température, ont conservé leur premier caractère : celles des hauteurs, au contraire, placées dans une atmosphère qui s'est refroidie, couvertes de neige pendant les trois quarts de l'année, sans cesse exposées à l'action des vents, n'éprouvant que quelques mois de chaleur, n'ont pu résister qu'en prenant une contexture plus relative aux circonstances. Ce qui a pu les sauver en partie vient sans doute de ce que ces changemens ne sont très-probablement arrivés que graduellement : ce n'était d'abord que des variétés qui, en se soutenant, en se reproduisant constamment, ont dû prendre place parmi celles que nous avons nommées *espèces*. Je suis même assez porté à croire qu'il n'y a eu d'abord, pour chacun de nos genres actuels, qu'une seule espèce primitive; que les autres se sont formées à la longue par le changement de localités, si toutefois l'on croit devoir admettre, ainsi que j'en ai fait voir la possibilité, que des variétés puissent avec le temps se perpétuer comme espèces.

L'espèce primitive est sans doute très-difficile, pour ne pas dire impossible, à découvrir; je crois cependant, dans les recherches qu'on essaierait d'en faire, qu'elle ne pourrait se trouver que dans les plantes qui croissent aux lieux peu élevés au-dessus du niveau des eaux de la mer : on en conçoit la raison, d'après ce qui a été dit plus haut. Il est en effet très-évident que si, par un accident quelconque, les eaux de la mer venaient à se retirer, ou à baisser au point de rendre les terres basses aussi élevées au-dessus du niveau de la mer que le sont aujourd'hui nos Alpes, la face de la végétation, ainsi que les formes des végétaux, changeraient également par l'influence d'une nouvelle température. Beaucoup, sans doute, périraient; mais les espèces qui pourraient résister éprouveraient à la longue, dans la contexture de leurs organes, des modifications qui, en leur faisant perdre leur caractère originel, les convertiraient pour nous en espèces.

CHAPITRE TROISIÈME.

Les genres et les familles.

Les espèces existent dans la nature; elles s'y perpétuent par la génération d'individus qui leur ressemblent. Une espèce se distingue aisément d'une autre, en se reproduisant avec les caractères qui lui sont propres : si trop souvent on confond la variété avec l'espèce, c'est faute d'observations suffisantes. Nous n'avons pas les mêmes données pour les genres, petits groupes qui réunissent plusieurs espèces sous un nom et des caractères communs : leur création paraît, en grande partie, dépendre de notre volonté; ils sont, en quelque sorte, d'institution humaine. A mesure que les découvertes ont augmenté le nombre des plantes, on a senti qu'un nom donné isolément à chacune d'elles était, pour la mémoire, une surcharge trop pénible; on s'est aperçu d'ailleurs que beaucoup d'espèces, quoique différentes les unes des autres, se ressemblaient néanmoins en beaucoup de leurs parties : dès lors l'idée se présenta de réunir, sous un nom commun, toutes celles qui avaient un grand nombre de traits de ressemblance, quoique distinguées par d'autres attributs. On en forma des petits groupes, qui reçurent un nom particulier.

Dans les premiers temps de la naissance de la botanique, les genres, extrêmement imparfaits, n'étaient désignés que par le nom générique commun aux espèces qu'ils renfermaient, mais on ne pensait pas encore à déterminer leurs caractères propres. Tournefort, le premier, a senti qu'il était essentiel d'établir le caractère des genres, en le fixant aux seules parties de la fleur et du fruit, restreignant par là ces dénominations vagues employées par ses prédécesseurs, et sous lesquelles ils renfermaient beaucoup d'espèces appartenant à des genres, même a des familles très-différentes; mais à l'époque où Tournefort écrivait, les parties des fleurs étaient bien moins connues, et l'on était loin de soupçonner les caractères que pouvaient fournir plusieurs d'entre elles pour la détermination des genres : d'où vient que la plupart des siens ne sont qu'imparfaitement circonscrits, et qu'il est difficile d'apercevoir, dans son immortel ouvrage, les caractères essentiels qui les distinguent les uns des autres. Plusieurs fois il fut obligé, presque malgré lui, d'établir des genres, qu'il nomma du *second ordre*, lorsqu'il ne trouvait point, dans les fleurs, de notes suffisantes pour les caractériser : alors il appelait à son secours les autres parties des plantes, telles que les racines, les feuilles, l'inflorescence, etc.; pratique que Linné n'a pas crue admissible, quoiqu'on ne puisse nier que plusieurs genres, surtout dans les familles très-naturelles, ne soient réellement distingués que d'après leur port, la forme et la disposition de leurs feuilles, etc., comme nous le dirons ci après, tels que les gesses, les pois, les orobes, les vesces, etc.

Il était réservé à Linné de perfectionner cette partie de la botanique, en exprimant, avec une précision que personne n'avait employée avant lui, tous les caractères de chaque genre, fixant et circonscrivant les limites de chacun d'eux, de manière à les rendre très-distincts les uns des autres, et par conséquent faciles à reconnaître. Dans l'exposition de chaque genre, il décrit, sous le nom de *caractère naturel* ou *générique*, et dans un ordre convenable, six parties de la fructification; savoir, 1°. le calice; 2°. la corolle; 3°. les étamines; 4°. le pistil; 5°. le péricarpe; 6°. la semence : on y a ajouté depuis, la considération de l'embryon, ainsi que la présence ou l'absence du périsperme. « On ne saurait assurément mieux faire, dit M. de Lamarck, pour donner une idée complette de la fructification commune aux espèces d'un genre; mais, dans ce cas, il y a une attention à avoir, et qui paraît avoir échappé à Linné. En effet, il nous semble que, dans l'exposition d'un genre, on ne doit présenter que le caractère principal de chacune des six parties de la fructification que nous venons de citer, et ne point entrer dans des détails sur les proportions de leur forme, de leur grandeur, etc., comme Linné l'a fait. La raison en est, que l'application des caractères d'un genre devant être faite communément à plusieurs espèces, alors les détails dans les proportions de grandeur et de forme des six parties de la fructification, se trouvent, à la vérité, fort justes dans certaines espèces, sur la considération desquelles on les aura pris, mais sont communément très-faux dans la plupart des autres. »

L'établissement du caractère naturel est une disposition nécessaire pour reconnaître le caractère essentiel et distinctif de chaque genre, caractère qu'il est important de faire ressortir, et qu'il est facile d'obtenir, en comparant, comme je l'ai dit ailleurs, deux genres très-rapprochés, pour en connaître les différences, puis, en choisissant les plus importantes, pour la distinction de chaque genre. Ces caractères doivent être très-courts, et ne porter que sur une ou deux considérations bien saillantes : par ce moyen, les genres se trouvent bien mieux détachés, beaucoup mieux connus, et se fixent plus aisément dans la mémoire.

Quant à ce qui concerne le choix des parties propres à fournir le caractère distinctif des genres, Linné prétend qu'on ne doit jamais tirer ces caractères que de la considération de quelques-unes des parties de la fructification. Nous sommes, dit M. de Lamarck, tout à fait de son avis, s'il est vrai que la chose soit toujours praticable; mais, dans le cas où elle ne le serait pas, nous ne voyons pas bien clairement l'inconvénient qui résulterait de tirer des distinctions génériques bien tranchées de quelques parties du port, lorsque la série dans laquelle on aurait des divisions génériques à tracer, serait préalablement disposée dans l'ordre le plus naturel des rapports, et que les lignes de séparation, que l'on établirait, ne déplaceraient point les plantes, déjà rapprochées par la considération de leurs rapports. Dans les familles qu'on regarde comme les plus naturelles, et qui ne sont que de grandes portions non interrompues de la série des végétaux, telles que les labiées, les crucifères, les ombellifères, les légumineuses, etc., on possède de grandes quantités d'espèces qui ont toutes, à peu près, la même fructification. Or, établir parmi ces espèces des divisions génériques, en un mot, des lignes de séparation, dont les caractères distinctifs seraient pris uniquement de la fructification, laquelle offre, dans ces plantes, très-peu de différences à saisir, c'est s'exposer à n'avoir pour caractère générique distinctif que des remarques minutieuses, souvent trompeuses, et communément trop peu reconnaissables. En effet, quel cas peut-on faire des caractères génériques des *genista* et des *spartium* de Linné, dans les légumineuses; des liserons et des ipomæa, dans les convolvulacées; des *sison* et des *sium*, dans les ombellifères, etc.?

Linné était persuadé que tous les genres étaient ou devaient être naturels. Ce serait, sans doute, un très-grand avantage pour la science, s'il pouvait en être ainsi : il n'y entrerait dès lors rien d'arbitraire, et chaque espèce aurait son genre tellement déterminé, qu'il ne serait pas possible de lui enlever aucune espèce pour la faire passer dans un genre particulier, ou dans un autre déjà existant. Mais nous sommes loin de cette perfection : il faut avouer cependant qu'il existe un certain nombre de genres constitués de manière à ôter toute possibilité d'y introduire aucune réforme, ces genres étant appuyés sur des caractères si bien tranchés, qu'ils se reconnaissent dès la première inspection, quoique souvent ils ne portent que sur une ou deux parties de la fleur, telles que la forme des étamines et de la corolle dans les casses; la disposition des anthères séparées, dans les sauges, par un connectif allongé et porté sur le filament comme sur un pivot; la forme du fruit dans les *geranium;* le calice dans les scutellaires, divisé en deux lèvres entières, la supérieure portant une écaille concave, en forme d'opercule, etc.

Dans d'autres genres, les espèces sont tellement rapprochées par toutes les parties de leurs fleurs, ou par leur inflorescence et leur port, qu'il est impossible de les déplacer : tels sont les véroniques, les plantains, les rosiers, etc. A la vérité, plusieurs de ces groupes se sont grossis à un tel point par le nombre des espèces, qu'il a fallu y rapporter, qu'on s'est vu presque forcé, pour la facilité de l'étude, de chercher à les diviser; mais l'on sent très-bien que ces divisions converties en genres ne sont que les découpures du même genre. Les *pelargonium*, les *erodium* ne cesseront jamais d'appartenir aux *geranium*, quoiqu'ils en aient été séparés d'après l'irrégularité de leur corolle, et le nombre variable de leurs étamines. Quant à beaucoup d'autres genres dont les caractères ne sont pas aussi bien prononcés, leur existence dépend de l'importance que chacun attache à un caractère plutôt qu'à un autre.

L'importance des caractères dépend de l'importance des organes de la fleur ou du fruit sur lesquels ils sont appuyés; mais comme il n'en est aucun qui, dans la formation des genres, ait sur les autres une supériorité exclusive et générale, il résulte beaucoup d'embarras et d'arbitraire dans la création d'un grand nombre. Le calice ou la corolle dans les uns, les étamines ou le pistil dans d'autres, le fruit et la semence dans plusieurs, fournissent le caractère essentiel, qui se tire aussi d'autres parties accessoires, telles que des glandes, des nectaires, des appendices, etc. Ainsi un organe n'a réellement de supériorité sur un autre, que relativement au genre qu'il constitue : d'où il résulte, comme je l'ai dit plus haut, que le fruit détermine le caractère dans les *geranium;* la corolle et les organes sexuels, celui des casses, etc.

Plus les familles sont naturelles, plus la détermination du caractère des genres qu'elles renferment est difficile à établir : il est souvent tellement minutieux, et les limites d'un genre à un autre si peu marquées, que la plupart peuvent être arbitrairement ou divisés, ou réunis, sans qu'il soit possible d'établir à ce sujet des principes généralement adoptés. Les *leonurus* sont à peine distingués des *stachys*, les *sison* des *ægopodium*, les *cnicus* des *atractylis*, les *tragia* des *acalypha*, etc. : on aurait au moins autant de motifs pour les réunir que pour les tenir séparés. Combien de ces familles, naturelles au premier degré, semblent n'être, en quelque sorte, composées que d'un seul genre, que la nécessité d'en faciliter l'étude a forcé de diviser ! Il est aisé de concevoir que si, dans les labiées, par exemple, ou les crucifères, il n'y avait qu'une seule espèce pour chaque genre, on pourrait presque ne former qu'un seul genre, très-naturel et parfaitement bien déterminé. C'est donc la grande multiplication des espèces qui produit les genres artificiels, qu'il faut se garder cependant d'établir avec trop de facilité, soit sur des caractères très-faibles, ou appuyés sur des organes si peu sensibles, qu'il faut presque avoir recours au microscope pour les apercevoir : c'est aujourd'hui le défaut de beaucoup d'auteurs modernes, qui semblent ne calculer l'étendue de leur réputation, que sur le nombre de genres nouveaux qu'ils n'ont souvent créés que d'après d'autres déjà existans. On conçoit combien ce système est funeste à la science par le désordre qu'il y introduit, par la nomenclature soumise aux mêmes changemens, par ces règles arbitraires que chacun se forme à volonté, l'un détruisant ce que l'autre construit, en présentant, à l'aide des mots nouveaux, comme un travail original, ce qui n'est qu'un désordre jeté dans celui des autres.

Quant aux genres vraiment naturels, ils sont tellement reconnaissables, si bien déterminés, qu'il n'est au pouvoir de qui que ce soit de les changer : ils forment autant de groupes indépendans de nos systèmes. Si maintenant l'on suppose que ces groupes viennent, par suite des découvertes, à se composer d'espèces extrêmement nombreuses, on sentira dès lors la nécessité de les diviser en d'autres genres artificiels : souvent celui qui leur a servi de type est élevé au rang de famille naturelle.

Nous voilà arrivé, par ces considérations, à la formation des *familles* : la plupart ne sont en réalité que de très-grands genres, dont les traits caractéristiques, tirés la plupart de la fleur et du fruit, et même de toutes les autres parties de la plante, s'appliquent à tous les genres d'une même famille, et ne se distinguent entre eux que par des modifications peu nombreuses ou très-légères. Il est cependant beaucoup d'autres familles qui n'ont qu'un petit nombre de caractères communs, mais très-importans, biens prononcés, et suffisans pour réunir en un seul groupe les genres qui composent ces familles : ces genres, d'une autre part, se distinguent entre eux d'autant plus facilement, que plusieurs des parties de la fleur ou du fruit, n'ayant pas été employées comme *caractères de famille*, peuvent l'être avec avantage pour la formation des genres.

Je dois, au reste, faire encore observer ici qu'il est arrivé pour la composition des familles ce qui est arrivé pour la formation des genres. Il s'est présenté des familles d'une si grande étendue, qu'on a cru devoir les diviser, telles, par exemple, que celle des *composées*, avec laquelle on en a formé trois autres; savoir, les *semi-flosculeuses*, les *flosculeuses*, les *radiées*, ou bien, d'après M. de Jussieu, les *chicoracées*, les *cynarocéphales*, les *corymbifères*, divisions qui appartiennent essentiellement à une même famille primitive. Le nombre de ces familles augmente tous les jours, à mesure que les découvertes de nouvelles plantes se multiplient; mais il est à craindre, si l'on n'y prend garde, qu'il n'arrive pour elles ce qui est arrivé pour les genres; qu'à la fin ces coupes en familles ne soient livrées à l'arbitraire. Je pourrais déjà en citer plusieurs exemples; mais les bons esprits les reconnaîtront aisément, sans qu'il soit nécessaire d'entrer ici dans aucune dissertation, qui nous éloignerait de notre but.

Je me bornerai à présenter quelques observations, exposées par M. de Lamarck : Les familles, dit ce profond naturaliste, ces portions de l'ordre naturel, sont, d'une part, moins grandes que les classes et même que les ordres; elles sont, d'une autre part, plus grandes que les genres; mais, quelque naturelles qu'elles soient, les limites qui les circonscrivent sont toujours artificielles : aussi, à mesure que l'on étudiera davantage les productions de la nature et que l'on en observera de nouvelles, nous verrons, de la part des naturalistes, de perpétuelles variations dans les limites des familles : les uns divisant une famille en plusieurs autres, les autres réunissant plusieurs familles en une seule; d'autres enfin, ajoutant encore à une famille déjà connue, l'agrandissent, et reculent par là les limites qu'on lui avait assignées. Si toutes les espèces étaient parfaitement connues, et si les vrais rapports qui se trouvent entre chacune d'elles, ainsi qu'entre les différens groupes qu'elles forment, l'étaient également, de manière que partout le rapprochement des espèces et le placement de leurs divers groupes fussent conformes aux rapports naturels de ces objets, alors les classes, les ordres, les sections et les genres formeraient des familles de différentes grandeurs, puisque toutes ces coupes se trouveraient des portions grandes ou petites de l'ordre naturel.

Dans ce cas, rien ne serait plus difficile que d'assigner des limites entre ces différentes coupes : l'arbitraire les ferait varier sans cesse, et l'on ne serait d'accord que sur celles que des vides dans la série nous montreraient clairement. Mais tant d'espèces de végétaux nous sont encore inconnues; il y en a tant qui, vraisemblablement, nous le seront toujours, que les vides qui en résultent entre les séries nous fourniront long-temps encore des moyens de limiter la plupart des coupes que nous cherchons à former : d'un autre côté, il faut convenir aussi que si l'on examine le règne végétal, on voit, dit M. Mirbel, que souvent les mêmes plantes, selon le jour sous lequel on les considère, se rapprochent ou s'éloignent par une multitude de points; qu'il n'existe pas de chaîne principale, mais de nombreux chaînons, qui se ramifient, se croisent, reviennent sur eux-mêmes, forment un lacis inextricable; et qu'enfin, quelle que soit la direction que l'on suive, on ne trouve jamais cette série continue, telle qu'Adanson croyait l'avoir établie dans ses *familles naturelles.*

CHAPITRE QUATRIÈME.

Les méthodes, les classes, les ordres.

QUAND on se reporte à ces temps d'ignorance et de fanatisme, où les plantes n'étaient désignées que par les propriétés médicales, et même les vertus occultes qu'on leur attribuait; quand elles n'étaient connues que sous des noms barbares, et distribuées, dans les livres qui en traitent, que d'après quelques vagues ressemblances dans leur port, ou relativement à leurs usages, on a lieu d'être étonné qu'une science aussi attrayante soit restée si long-temps sans principes et dans une obscurité en quelque sorte mystérieuse. Plusieurs causes ont concouru à multiplier les obstacles qui s'opposaient à ses progrès. Le peuple, ne voyant d'abord dans les plantes que des alimens ou des remèdes, a cherché à cultiver et à multiplier les premières : quant aux secondes, il s'en est rapporté aux lumières de ceux qui se livraient à la pratique de la médecine; mais ces derniers, qui, la plupart, n'étaient d'abord que des prêtres, des mages, de prétendus sages, cachaient leurs découvertes aux yeux de la multitude, ou plutôt la trompaient par des recettes, qu'ils accompagnaient d'enchantemens, de cérémonies et de paroles mystiques. Ils savaient très-bien que leur considération n'était que la suite de l'ignorance du peuple : ceux d'entre eux qui parvenaient à saisir quelques-unes des lois de la nature, se gardaient bien de les divulger; il fallait, pour y être initié, de longues épreuves, le serment sacré de ne faire aucune révélation aux profanes, promesse d'autant plus facile à garder, que ce moyen contribuait puissamment à étendre cette haute considération attachée à ces associations. A la fin, quelques écrivains rendirent publics les secrets de la médecine; ils recueillirent les recettes, indiquèrent les plantes qui les fournissaient; mais ils ne firent connaître de ces plantes que les noms vulgaires qu'elles portaient, sans en donner aucune bonne description. Pendant une longue suite de siècles, on s'en tint à ces connaissances vagues : tout ce que l'on publia alors sur les plantes, constamment borné à leurs propriétés médicales, ne put inspirer d'autre désir que celui de les connaître pour l'usage de la médecine. Cette connaissance, très-imparfaite d'ailleurs, était de plus concentrée entre un très-petit nombre de personnes qui s'occupaient de l'art de guérir, et bornée aux plantes qu'on soupçonnait devoir y être propres; les autres étaient entièrement abandonnées, et le vulgaire se contentait d'admirer vaguement la beauté de la végétation, l'éclat des fleurs, de cultiver les plus belles, sans se douter qu'elles pouvaient offrir à l'esprit des jouissances particulières.

Mon objet n'étant point de tracer ici l'histoire détaillée de l'établissement et des progrès, d'abord très-lents, de cette science, je me bornerai à exposer la suite des moyens inventés par l'esprit humain pour en faciliter l'étude et en fixer les principes.

Après la détermination des espèces, après les avoir groupées en genres, il restait une opération non moins importante, celle de soumettre la totalité des genres à une distribution méthodique, fondée sur des caractères assez généraux pour qu ils pussent être appliqués à tous les genres compris dans chaque division.

Toute méthode artificielle (jusqu'alors il n'en existe pas d'autre) est fondée sur une ou plusieurs parties essentielles des plantes, telles que la corolle, les organes sexuels, les fruits, etc., propres à fournir de grandes divisions, auxquelles on a donné le nom de *classes*, divisées elles-mêmes en *ordres*, et quelquefois en *sous-ordres*, qui comprennent chacun un certain nombre de genres et donnent l'exclusion à un bien plus grand.

Pour comprendre cette belle opération, supposons que le nombre des plantes se monte à dix mille, et qu'on soit parvenu à les partager en dix classes, renfermant chacune à peu près mille plantes. Pour déterminer la plante que je veux connaître, je cherche d'abord à laquelle de ces dix classes elle appartient : la classe trouvée, voilà déjà ma plante séparée de neuf mille autres; il me reste donc à la chercher entre mille. Une division peut les réduire à cinq cents, ou même à moins, par d'autres subdivisions : ces cinq cents plantes sont alors groupées par genres, faciles à distinguer qu nd ils sont bien caractérisés. Dès que je suis parvenu à reconnaître le genre de ma plante, il ne me reste plus qu'à recherche à laquelle des espèces elle appartient : si elles sont nombreuses, assez souvent des subdivisions établies dans chaque genre en facilitent la recherche.

Chacun ayant la liberté de choisir, pour l'établissement d'une méthode, surtout dans la fleur ou le fruit, telle ou telle partie, selon qu'il la juge plus ou moins importante, il s'ensuit que ces classifications, si heureusement imaginées pour nous reconnaître au milieu des immenses productions de la nature, sont des moyens tout à fait arbitraires, mais qu'il faut employer avec réserve, les soumettant à des principes convenus, afin d'éviter des changemens, qui en détruiraient tous les avantages.

On ne peut disconvenir que c'est au moyen de cette belle invention que la science a fait, surtout depuis plus d'un siècle, de si rapides progrès ; mais, avant d'y parvenir, il a fallu bien des essais. Les premiers qui méritent quelque attention datent de l'époque où Césalpin a publié sa Méthode sur la distribution des plantes, d'après la considération du fruit ; car certainement on ne peut pas regarder, dit M. de Lamarck, comme méthode de botanique, les divisions des ouvrages des anciens en livres, chapitres, pemptades, paragraphes, etc. Ces divisions, la plupart établies d'après la considération des propriétés des plantes et des usages qu'on en faisait, n'ont jamais été imaginées dans la vue de constituer aucune méthode, au moyen de laquelle on pût parvenir à reconnaître une plante, et à s'assurer du nom qu'on a pu lui donner ; elles n'étaient seulement que ce que sont encore les divisions que l'on fait dans tous les ouvrages qui concernent les autres parties des connaissances humaines, c'est-à-dire un moyen d'éviter la confusion des idées, et de répandre de la clarté sur le sujet que l'on traite. Ainsi, ce serait bien mal à propos que l'on voudrait regarder comme méthode de botanique la manière dont Théophraste, Dioscoride, Lebouc, Lonicer, Dodoens, l'Ecluse, Lobel, Dalechamp, Porta et tant d'autres, ont divisé leurs ouvrages, qui, dans leurs travaux, ne se sont jamais occupés de l'établissement d'aucun ordre méthodique.

Césalpin, un des hommes de son siècle le plus versé dans la connaissance des plantes, reconnut, le premier, la nécessité d'établir une méthode d'après laquelle les plantes pussent être sûrement et facilement distinguées et déterminées ;

le premier aussi il essaya d'en présenter une, fort utile par elle-même dans son temps, ainsi que par les idées qu'elle fit naître ensuite pour perfectionner la classification des plantes. Né à Arazzo, en Toscane, il séjourna long-temps à Pise, où il fut disciple de Lucas Ghini, médecin aussi célèbre que profond botaniste.

La méthode que Césalpin publia en 1583 est fondée particulièrement sur le fruit, ainsi que sur la considération de plusieurs autres parties des plantes, telles que la situation et la figure des fleurs, leur absence ou leur présence, leur disposition, leur situation et leur figure, la situation de l'embryon et le nombre des cotylédons, deux caractères qu'il signala le premier, et qui depuis ont été si avantageusement employés dans l'établissement des familles naturelles. Il distinguait les monocotylédons et les dicotylédons sous les noms de semences univalves et bivalves : il distribua les huit cent quarante plantes qu'il décrit, en quinze classes, dans l'ordre suivant, en séparant les arbres et les arbrisseaux des herbes et des arbustes :

TABLEAU DE LA MÉTHODE DE CÉSALPIN.

ORDRE PREMIER.

LES ARBRES ET ABRISSEAUX.

CLASSES.		
1.	Embryon sortant du sommet de la graine.....	*quercus.*
2	Embryon sortant de la base de la graine......	*hedera.*

ORDRE SECOND.

LES HERBES ET ARBRISSEAUX.

3.	Une seule graine........................	*valeriana*
4.	Fruit charnu ou en baie, à plusieurs graines...	*solanum.*
5.	Fruit sec ou en capsule..................	*vicia.*
6.	Graines géminées : les ombellifères..........	*daucus.*
7.	Fruit à deux loges	*plantago.*
8.	Fruit à trois loges : racines non bulbeuses.....	*euphorbia.*
9.	Fruit à trois loges : racines bulbeuses	*hyacinthus.*
10.	Graines au nombre de quatre : les labiées, etc..	*thymus.*
11.	Plusieurs graines nues dans une fleur commune, mais solitaires sous chaque fleur...........	*achillea.*
12.	Les mêmes : les lactescentes et autres........	*sonchus.*
13.	Plusieurs graines nues dans la même fleur.....	*ranunculus.*
14.	Fruit à plus de trois loges ou capsules; plusieurs graines dans chaque loge................	*gossypium.*
15.	Fleurs et fruits nuls ou non apparens.........	*silices, musci, fungi, etc.*

Un des défauts de cette méthode, c'est la grande division des plantes en arbres et en herbes. Elle paraît si naturelle au premier aspect, qu'elle a été introduite dans plusieurs autres méthodes, même dans celle de Tournefort. Outre la difficulté de cette distinction, elle a, pardessus tout, l'inconvénient d'interrompre un grand nombre de séries naturelles, dont la recherche semble cependant avoir été le principal objet de Césalpin, puisqu'il dit très-clairement, dans sa préface, que la véritable science est celle qui, réunissant les êtres conformes, sépare ceux qui diffèrent par leur structure et par leurs organes, et que la marche tracée par la nature, est la plus sûre, la plus utile, la plus facile. Gesner, avant Césalpin, avait, le premier, démontré l'importance des organes de la fructification, pour déterminer les caractères des plantes.

Quoique la méthode de Césalpin contienne le germe d'un grand nombre d'observations et de découvertes développées, dans les siècles suivans, par ses successeurs, elle ne pouvait avoir cette perfection, qu'il est rare de trouver dans les créateurs d'une science toute nouvelle. Elle n'a ni l'unité, ni la simplicité nécessaires pour la rendre d'une application facile; point de genres déterminés, point de synonymie : d'où il est résulté qu'elle fut négligée pendant près d'un siècle, sans que l'on songeât même à la perfectionner. On voit, avec une sorte d'étonnement, les botanistes les plus distingués qui vinrent après lui, tels que les frères Bauhin, les Gérard, les Johnston, les Pona, les Zanoni, etc., adopter encore, pour la distribution des plantes, ces divisions insignifiantes, et qui interrompent les rapports les plus naturels. Cependant la science, sous d'autres rapports, fit de grands progrès dans le courant du dix-septième siècle : Gaspard Bauhin publia son *Pinax*, fruit de quarante années de travaux et de recherches, qui n'est lui-même que la table d'un travail beaucoup plus étendu, comme on en peut juger par son *Prodrome*, et le premier volume de son *Théâtre de botanique*, qui renferme l'histoire des *graminées*, des *cypéracées*, et d'une partie des *liliacées*. Le principal mérite de cet ouvrage, interrompu par la mort de son auteur, consiste dans l'exposition de tous les noms que les plantes reçurent successivement, à partir principalement de *Tragus*, jusqu'au temps où l'auteur écrivait.

Jean Bauhin, non moins célèbre que son frère, plus âgé de vingt ans, disciple de Fuchs, ami de Gesner, entreprit une *Histoire générale des plantes*, qui fut publiée après sa mort : elle comprend environ cinq mille deux cent soixante-six espèces, dont trois mille quatre cent vingt-huit sont représentées par des figures en bois, mais très-médiocres. Cet ouvrage est distingué par une érudition immense, une saine critique, une synonymie assez exacte, et beaucoup de rapprochemens naturels.

Avant ces deux célèbres botanistes, dans le courant du seizième siècle, parurent successivement *Tragus* ou Lebouc, Lonicer, Dodoens, Lobel, qui publièrent beaucoup de figures avec de médiocres descriptions : *Clusius* ou l'Ecluse l'emporta de beaucoup sur eux par l'exactitude et la précision de ses descriptions, auxquelles il ne manque que des détails sur plusieurs parties de la fructification, dont on ne sentait pas alors toute l'importance. Beaucoup d'autres contribuèrent encore à l'avancement de la botanique, tels que Turner, médecin anglais, qui publia l'*Histoire des plantes d'Angleterre;* Rauvolf, qui voyagea dans le Levant, y recueillit beaucoup de plantes, et les fit connaître dans le Voyage qu'il publia ; Camerarius, à qui nous sommes redevables d'une édition des plantes de Matthiole, avec beaucoup de figures qu'il possédait de Gesner ; Tabernæmontanus, qui donna une histoire des plantes avec environ deux mille figures ; Prosper Alpin, dont le voyage en Egypte nous procura la connaissance de beaucoup de plantes de ce pays ; Dalechamp, qui a donné, dans son *Histoire des plantes,* des figures assez médiocres, la plupart copiées de Lobel, de Matthiole ou de Fuchs : cependant on y reconnaît, dit Adanson, une érudition profonde, et on lui doit cette justice, qu'il a mieux déterminé que personne les plantes décrites par les anciens. Matthiole acquit beaucoup de célébrité par ses longs commentaires sur les six livres de Dioscoride : on lui reproche des descriptions trop diffuses, des figures peu exactes, et beaucoup de négligence dans son travail. Dans les dernières éditions, il se rétracta en plusieurs endroits, fit beaucoup de corrections, et publia de meilleures figures. Cet ouvrage a été perfectionné par les soins de G. Bauhin, qui l'a augmenté de trois cents figures et de bons commentaires.

Morison, professeur de botanique à Oxford, jouit d'une grande célébrité par ses vastes connaissances dans l'étude des plantes, et surtout par la méthode qu'il établit pour leur distribution, d'après la considération de leur fruit, ainsi que d'après leur consistance et leur port, leur durée, le nombre des pétales, etc. En voici le tableau :

TABLEAU DE LA MÉTHODE DE MORISON.

CLASSES.		
1.	Les arbres	*quercus, prunus.*
2.	Les arbrisseaux	*cornus, genista.*
3.	Les sous-arbrisseaux	*vitis, hedera.*
4.	Les herbes grimpantes	*bryonia, convolvulus.*
5.	— Légumineuses	*vicia, lathyrus.*
6.	— A siliques (crucifères)	*thlaspi, brassica.*
7.	— Tricapsulaires	*crocus, iris.*
8.	— D'après le nombre des capsules et des pétales	*alsine, viola.*
9.	— Corymbifères	*bidens, tanacetum.*
10.	— Laiteuses ou à aigrettes	*sonchus, lactuca.*
11.	— Culmifères (graminées)	*triticum, poa.*
12.	— Ombellifères	*daucus, caucalis.*
13.	— A trois coques	*tithymalus, ricinus.*
14.	— A fleurs labiées	*lavendula, stachys.*
15.	— Multicapsulaires	*pœonia, caltha.*
16.	— Baccifères	*solanum, paris.*
17	— Capillaires (fougères)	*osmunda, filix.*
18.	— Difficiles à classer	*piper, statice.*

Ces classes sont divisées en sections, d'après la figure et la substance de leurs fruits; d'après le nombre de leurs semences, de leurs feuilles, de leurs pétales; d'après leurs racines, leur lieu natal et leurs proprietés.

Cette méthode, peu travaillée, très-difficile dans la pratique, n'a été suivie que par Bobart, qui en publia la troisième partie en 1699, sous le nom d'*Histoire des plantes* : la première, qui devait traiter des arbres, arbrisseaux et sous-arbrisseaux, n'a point été imprimée; on ignore ce qu'elle est devenue. Les nombreuses figures qu'a données Morison, assez passables, sont d'un mérite fort inégal : on estime assez généralement ses graminées et ses plantes hétéroclites ou difficiles à classer. Il est le premier qui, dans un travail particulier sur les *ombellifères*, nous ait offert le modèle de ces monographies, dont on a senti la nécessité à mesure que le nombre des plantes s'est multiplié.

Ces travaux commençaient à jeter un grand jour au milieu de cette obscurité dans laquelle la botanique avait été plongée pendant un si long temps : la route qui devait conduire le plus sûrement à la connaissance des plantes, se formait peu à peu. Rai, tant recommandable par sa profonde érudition et un excellent esprit d'observation, éclairé par les travaux de ses prédécesseurs, marcha sur leurs traces, en cherchant à perfectionner leur méthode, en la fondant non pas seulement sur le fruit, mais sur toutes les parties de la fructification, et même sur les autres parties des plantes : il y fit, par la suite, beaucoup de corrections et des additions considérables. Quoique pleine d'excellentes vues, elle offrait, dans la pratique, de trop grandes difficultés, pour obtenir le succès que son auteur en espérait; cependant, comme il chercha particulièrement à distribuer les plantes dans un ordre naturel, et que l'on y trouve d'heureux rapprochemens, nous croyons devoir présenter ici les trente-trois classes dans lesquelles il a placé les dix-huit mille plantes et plus, mentionnées dans son *Histoire générale des plantes*.

TABLEAU DE LA MÉTHODE SYNOPTIQUE DE RAI.

I. LES HERBES.

CLASSES.		
1.	Plantes marines	*fucus, ulva.*
2.	Champignons	*agaricus, boletus.*
3.	Mousses	*bryum, mnium.*
4.	Fougères	*polypodium, pteris.*
5.	Plantes apétales	*rumex, atriplex.*
6.	— Composées planipétales	*lactuca, sonchus.*
7.	— Discoïdes	*aster, senecio.*
8.	— Corymbifères	*achillæa, calendula.*
9.	— Cynarocéphales	*carduus, cynara.*
10.	— A semences solitaires	*valeriana, statice.*
11.	— Ombellifères	*anethum, ferula.*
12.	— A feuilles en étoile	*galium, rubia.*
13.	— A feuilles rudes (borraginées)	*echium, anchusa.*
14.	— A fleurs verticillées	*salvia, stachys.*
15.	— A fleurs polyspermes	*geum, ranunculus.*
16.	— Pomifères	*cucumis, cucurbita.*
17.	— Baccifères	*rubus, atropa.*
18.	— Multisiliqueuses	*cotyledon, helleborus.*
19.	— A fleurs monopétales	*hyoscyamus, veronica.*
20.	— deux ou trois pétales	*circæa, hydrocharis.*
21.	— Siliqueuses	*turritis, alyssum.*
22.	— Légumineuses	*pisum, orobus.*
23.	Fleurs à cinq pétales	*linum, dianthus.*

CLASSES.		
24.	Fleurs très-apparentes : feuilles graminiformes	*iris*, *lilium*.
25.	— Glumacées	*panicum*, *avena*.
26.	— Anomales	*trapa*, *hypecoum*.

II. ARBRES ET ARBRISSEAUX.

27.	Plantes arundinacées	*palmæ*.
28.	— A fleurs apétales	*pinus*, *alnus*.
29.	— A fruit couronné ou ombiliqué	*pyrus*, *sorbus*.
30.	— A fruit non couronné	*prunus*, *rhamnus*.
31.	— A fruit sec	*fraxinus*, *acer*.
32.	— A fruit à siliques	*nerium*, *cassia*.
33.	— Anomales	*ficus*.

D'après cet exposé, il est facile de reconnaître que, malgré le but de l'auteur, cette méthode est loin d'offrir des rapprochemens naturels, excepté dans sept ou huit classes : elle a été cependant adoptée par Sloane, dans son *Histoire des plantes de la Jamaïque ;* par Petiver, dans son *Herbarium britannicum ;* par Martyn, dans son *Methodus plantarum circa cantabrig*, etc.; par Dillen, dans son *Synopsis stirpium britannicarum*, etc.

Plusieurs autres botanistes très-distingués, la plupart contemporains de Tournefort, convaincus de la nécessité d'établir une méthode générale pour la distribution des plantes, s'en sont occupés par des travaux et avec une constance louables, tels que Hermann, Rivin, Boerhaave, Knaut, Ruppius, Pontedera, Ludwig, Haller, etc.; mais, faute d'avoir suivi la marche de la nature, il n'est résulté, de leurs efforts, que des méthodes défectueuses, détruites les unes par les autres, et qui ont subi le sort commun à la plupart des systèmes fondés sur des principes arbitraires : il faut en excepter la méthode de Tournefort et le système sexuel de Linné, la première encore employée aujourd'hui dans plusieurs jardins de botanique, avec quelques modifications; le second, généralement adopté par tous ceux qui ont trouvé trop de difficultés, pour la pratique, dans la distribution des plantes en *familles naturelles*, malgré sa supériorité sur toute méthode artificielle. Je n'en dirai rien ici, me réservant d'en présenter l'analyse à la fin de ce volume, ainsi que l'explication des méthodes de Tournefort et de Linné. Nous ne devons pas oublier que Magnol, célèbre professeur de botanique à Montpellier, fit de louables efforts pour réunir les plantes en familles naturelles, basées sur d'excellens principes, mais dont il ne fit pas toujours une application très heureuse, telle que celle, par exemple, d'avoir séparé les herbes des arbres et des arbrisseaux. De nos jours, Adanson publia des *Familles naturelles*, disposées dans un ordre qu'il regardait comme à l'abri de toute idée systématique : il faisait consister la méthode naturelle dans la disposition de ces familles, en une série ou gradation fondée sur tous les rapports possibles de ressemblance. « Mais cette gradation, qu'il admet, est-elle autre chose qu'un système, dit M. Mirbel? Si l'on examine le règne végétal, on voit que souvent les mêmes plantes, selon le jour sous lequel on les considère, se rapprochent ou s'éloignent par une multitude de points; qu'il n'existe pas de chaîne principale, mais de nombreux chaînons, qui se ramifient, se croisent, reviennent sur eux-mêmes, forment un lacis inextricable; et qu'enfin, quelle que soit la direction que l'on suive, on ne trouve jamais cette série continue dont parle Adanson. » Au reste, les *Familles des plantes* d'Adanson seront toujours un des plus savans ouvrages qui aient été publiés sur la botanique. Il n'est pas autant consulté qu'il devrait l'être : il est vrai que lui-même y a mis obstacle, en changeant les noms d'un très-grand nombre de genres, et n'ayant point, d'après ses propres principes, établi de caractères assez simples, ni assez précis pour fixer les limites de chaque famille, et les circonscrire d'une manière distincte.

Dès que les méthodes furent inventées, et que, basées sur de meilleurs principes, elles eurent éclairé et frayé le chemin qui devait conduire à la connaissance des plantes, dès lors leur étude devint une véritable science : les beaux phénomènes de la nature dans la production des végétaux réveillèrent la curiosité, et frappèrent les esprits d'étonnement et d'admiration. On reconnut que l'étude des plantes pouvait procurer bien d'autres jouissances que celles que l'on y attachait, en n'y recherchant que des remèdes ou les secrets du charlatanisme. Devenue plus facile, elle fut aussi beaucoup plus cultivée : Tournefort l'avait rendue aimable, en établissant la distribution de ses classes sur les parties les plus brillantes des fleurs, sur les formes élégantes de la corolle. Les amateurs de cette science devinrent encore plus nombreux lorsque Linné eut publié ses immortels ouvrages.

Mais les jouissances de cette étude semblaient être réservées particulièrement à ceux-là seuls qui connaissaient la langue latine, les ouvrages élémentaires étant presque tous écrits en cette langue. Il nous manquait un bon ouvrage français : le premier, et sans contredit le plus utile sur cette partie, fut publié en 1778, par M. de Lamarck, sous le nom de *Flore française*. A l'avantage d'offrir un livre à la portée de tous les lecteurs, cet ouvrage réunit encore celui de présenter les végétaux disposés d'après une méthode telle, qu'il n'est point de plante indigène de la France que l'élève le plus novice ne puisse déterminer presque dès ses premiers pas dans cette carrière.

Cette méthode, sous le nom de *méthode analytique*, consiste à conduire l'élève, en quelque sorte pas à pas, jusqu'au nom de la plante qu'il veut connaître, en lui présentant d'abord deux caractères tellement opposés, qu'il est forcé, d'après la plante qu'il a sous les yeux, d'admettre l'un et de rejeter l'autre : celui qu'il retient éprouve une nouvelle division, qui exige la même opération, tellement qu'étant toujours obligé de choisir entre deux caractères opposés, l'élève arrive enfin à une dernière division, dans laquelle le caractère retenu amène le nom de la plante que l'on cherche; mais, pour y arriver, il a fallu faire l'analyse de presque toutes les parties de la plante. Ce travail, dès que l'on est parvenu à comprendre les principaux termes de l'art, n'offre rien que de facile et d'agréable : c'est un exercice d'autant plus séduisant, qu'il flatte l'amour-propre par le plaisir de découvrir, par soi-même et en peu d'instans, le nom d'une plante observée pour la première fois. Pour donner un exemple de la marche à suivre dans cette méthode, je suppose que la plante que je veux connaître soit le *pavot* : voici comment je procéderai, en allant de division en division, n'en admettant qu'une seule à chaque coupe ou dichotomie. Celle qu'il faut rejeter est ici en caractères italiques :

1.	2.	3.
Fleurs distinctes.	*Fleurs conjointes.*	*Fleurs unisexuelles.*
Fleurs indistinctes.	Fleurs disjointes.	Fleurs bisexuelles.

4.

Fleurs pétalées.

Fleurs non pétalées.

5.

Ovaire dans la corolle.

Ovaire sous la corolle.

6

Fleurs complettes.

Fleurs incomplettes.

7.

Dix étamines ou moins.

Onze étamines ou plus.

8.

Pétales insérés sur le calice.

Pétales non insérés sur le calice.

9.

Etamines réunies en un seul faisceau.

Etamines libres, non réunies.

10.

Corolle régulière.

Corolle irrégulière.

11.

Un seul ovaire très-simple.

Ovaires nombreux et ramassés.

12.

Ovaire sessile.

Ovaire pédonculé.

13.

Ovaire chargé de style.

Ovaire privé de style.

14.

Quatre pétales.

Plus de quatre pétales.

15.

Calice de deux feuilles.

Calice de quatre feuilles.

16.

Stigmate à deux ou trois divisions.

Stigmate à plateau rayonné, à plus de trois divisions.

PAVOT.

Maintenant si l'on veut connaître à quelle espèce appartient le pavot que l'on examine, on y parvient par le même procédé :

1.

Capsules glabres, point hérissées.

Capsules velues ou hérissées.

2.

Fleurs rouges ou blanches.

Fleurs jaunes.

3.

Calice glabre.

Calice velu.

4.

Capsule ovale : fleur de deux pouces de diamètre ou plus.

Capsule allongée : fleur ayant à peine un pouce de diamètre.

PAVOT COQUELICOT (*papaver rheas*, Lin.).

La méthode analytique est donc une conception très-ingénieuse : son usage est d'autant plus facile, que l'on n'a jamais à choisir qu'entre deux caractères, dont l'un appartient à la plante à l'exclusion de l'autre, et dont la coexistence dans le même individu impliquerait contradiction. Je ne doute pas que nous ne devions en partie à cette heureuse découverte le goût de la botanique en France, si répandu aujourd'hui. Cette science a pu enfin être abordée par ce sexe pour lequel il est bien plus agréable d'éparpiller les pétales d'une rose, et d'entretenir sa pensée des plus brillantes productions de la nature, que de manier le compas sévère de la géométrie.

Deux éditions de la *Flore française*, rapidement épuisées, en exigeaient une troisième avec les additions nécessitées par les progrès de la botanique, et par les changemens survenus au territoire français; M. de Lamarck, chargé de fonctions étrangères à cette science, confia le soin de ce travail à M. Decandolle, qui s'en acquitta avec un succès digne de sa réputation : il trouva moyen de réunir, par une heureuse combinaison, la méthode naturelle de Jussieu à celle de l'analyse, et de présenter, par là, un double avantage aux amateurs de la science, travail que M. Dubois avait déjà exécuté dans sa *Flore d'Orléans*. Voici comme M. Decandolle expose lui-même le plan de cette nouvelle édition.

« Pour distinguer les végétaux les uns des autres, deux routes sont ouvertes aux naturalistes : 1°. la *méthode naturelle*, qui tend à placer chaque être au milieu de ceux avec lesquels il a le plus grand nombre de ressemblances importantes; 2°. la *méthode artificielle*, qui n'a d'autre but que de faire reconnaître chaque végétal, et de l'isoler au milieu du règne. La première, qui est une véritable science, doit servir de base immuable à l'anatomie et à la physiologie; la seconde, qui est un art d'empirique, peut bien avoir quelque commodité dans la pratique, mais ne saurait agrandir le domaine des sciences, et offre une multitude indéfinie de combinaisons arbitraires : la première, ne visant qu'à la vérité, a établi ses bases sur les organes les plus importans à la vie des végétaux, sans considérer si ces organes sont faciles ou difficiles à observer; la seconde, ne tendant qu'à la facilité, a établi ses divisions sur les organes les plus apparens et les plus faciles à étudier.

« Faute d'avoir bien senti les différences essentielles qui existent entre ces deux méthodes, la plupart des botanistes ont embrassé exclusivement l'un ou l'autre de ces moyens d'arriver au but, et tous semblaient avoir oublié que l'une et l'autre de ces méthodes ont leurs avantages, et que leur réunion pourrait concilier la vérité et la facilité. La *Flore française* est le premier ouvrage où l'esprit de ces deux méthodes ait été nettement distingué, et où l'on ait présenté un moyen facile d'arriver à la vérité, en annonçant d'avance que ce moyen était artificiel : j'ai cru que l'on atteindrait encore au même but par une autre disposition, qui paraît, au premier coup d'œil, une simple convenance de typographie, mais qui tient en réalité aux bases mêmes de la logique de la botanique. J'ai tenté d'employer la méthode artificielle comme clef de la méthode naturelle, etc. »

Il me paraît que M. Decandolle ne rend pas ici assez de justice aux méthodes artificielles : sans doute l'ordre naturel doit être le principal objet de l'étude du botaniste ; mais il n'est pas moins vrai que les méthodes artificielles ont puissamment contribué aux progrès de la science, qui doit tant aux Tournefort, aux Linné, quoique ces célèbres botanistes n'aient employé que des méthodes artificielles. M. de Jussieu a senti lui-même la nécessité de lier ses *familles naturelles* par le moyen d'une méthode artificielle, pour faciliter les recherches. Quand on veut connaître le nom d'une plante, l'essentiel est de parvenir à le trouver, n'importe par quelle méthode : la meilleure est celle qui nous y conduit avec plus de facilité. Cette recherche ne s'oppose nullement à celle que l'on doit faire ensuite des rapports naturels d'une plante, et de la place qu'elle doit occuper dans la série des êtres. M. Decandolle reconnaît un peu plus bas l'avantage du concours des deux méthodes.

CHAPITRE CINQUIÈME.

Des termes.

La botanique, comme toutes les autres sciences, a ses termes propres ou *techniques :* ce sont les mots qu'elle emploie pour désigner les différentes parties des plantes, leurs fonctions, leurs caractères. A mesure qu'une science agrandit ses découvertes et enrichit son domaine, elle fait naître une foule d'idées neuves, auxquelles il est souvent difficile d'appliquer les expressions reçues ; il est même impossible de les employer lorsque ces idées sont produites par des objets jusqu'alors inconnus. C'est ainsi qu'il existe pour chaque science un dictionnaire particulier, qui ne peut avoir d'autres bornes que celles de la science elle-même. La multiplication des mots est en même temps celle de nos découvertes et de nos idées ; mais l'invention des mots n'est pas toujours aussi facile qu'on pourrait le croire : elle exige beaucoup de réserve et de goût ; de la *réserve,* pour ne point présenter de nouvelles expressions sans nécessité ; du *goût*, pour les choisir d'une manière convenable à la langue dont on fait usage. Comme il s'est introduit, dans ce travail, un grand nombre d'abus très-nuisibles aux sciences, j'ai cru qu'il ne serait pas inutile de les faire connaître, et de présenter quelques règles, dont on ne peut s'écarter sans de grands inconvéniens.

Lorsque le désordre et l'anarchie sont sur le point de s'introduire dans une science, c'est alors qu'il faut redoubler d'efforts pour en arrêter les progrès, et pour garantir les esprits du danger des innovations, en les ramenant aux véritables principes de la science. Tel est aujourd'hui l'état de la botanique : ses fondemens, si judicieusement établis par les Tournefort, les Linné, etc., sont ébranlés ; bientôt, si l'on n'y prend garde, ils s'écrouleront sous l'abus des réformes, et la botanique rentrera de nouveau dans son ancien chaos, étouffée par les changemens successifs des termes.

Comme on abuse de tout, il n'est pas étonnant que l'on ait trop étendu la permission d'établir des mots techniques :

on ne devrait se le permettre qu'autant qu'il n'en existe aucun propre à rendre nos idées. C'est ainsi que, pour les formes si variées des feuilles et des fruits, on a fait un heureux emploi de termes déjà consacrés en géométrie; mais, d'un autre côté, combien de mots barbares, désagréables à l'oreille, rudes à la prononciation, n'a-t-on pas imaginés pour exprimer beaucoup d'autres parties des plantes! On peut dire, avec vérité, que le mauvais goût dans le choix des expressions ternit, en quelque sorte, l'éclat des plus belles fleurs, et rebute souvent d'une étude qui a tant de charmes en elle-même : c'est un jardin enchanteur, mais dans lequel on ne peut pénétrer qu'au travers d'une haie entrelacée d'épines.

C'est donc une erreur de croire qu'une découverte ou une idée nouvelle nécessite toujours un terme nouveau. Quiconque connaît bien toutes les ressources de la langue dont il veut faire usage, y trouvera facilement des expressions qu'il pourra appliquer à l'idée ou au nouvel objet qu'il veut peindre à la pensée. Un même mot peut être pris dans plusieurs sens différens, sans nuire à la clarté, dans son sens propre, dans un sens allégorique, métaphorique, etc., usage admis dans presque toutes les langues, surtout dans celles que nous regardons comme les plus parfaites, telles que les langues grecque, latine, française, etc. Cet art ingénieux d'exprimer par le même mot plusieurs idées différentes est bien plus une perfection qu'un défaut, une élégance de style qu'une pauvreté d'expression.

Un terme employé métaphoriquement peint bien mieux les objets nouveaux qu'on veut représenter, que l'invention de termes inusités, souvent aussi nuisibles à la clarté du style qu'à son élégante simplicité : d'où il résulte qu'il est peu de mots qui ne soient employés dans le sens propre et dans le sens figuré. Ainsi, pour en citer un exemple, nous disons, dans le *sens propre*, qu'une substance est tendre lorsqu'elle peut aisément être entamée : du *bois tendre*, une *pierre tendre*. On l'applique, dans un *sens figuré*, aux sensations qu'éprouvent, par les impressions de l'air, les êtres animés; on dit : avoir la *vue tendre*, la *peau tendre;* d'autres fois il caractérise les affections de l'âme : avoir le *cœur tendre*. Il se dit même des discours propres à inspirer le sentiment de la tendresse : un *discours tendre*, des *paroles tendres ;* de nos gestes et actions : un *air tendre*, un *son de voix tendre*. Dans les arts, on dit qu'un peintre a le *pinceau tendre ;* qu'il y a dans son tableau des *touches extrêmement tendres :* quelquefois il est employé comme substantif, et signifie *la tendresse*. Quel barbare oserait remplacer ces expressions figurées par autant d'expressions propres? C'est cependant ce que font tous les jours nos novateurs en botanique. Le nom de *calice*, appliqué à l'enveloppe extérieure des fleurs, me donne l'idée d'une coupe, dont cet organe a souvent la forme : des modernes y ont substitué celui de *périanthe*, c'est-à-dire *autour de la fleur ;* mais ce nom serait plutôt applicable aux bractées ou aux involucres lorsqu'ils existent, qu'à un organe, qui est une partie intégrante de la fleur : le nom de *périgone*, qui signifie autour du pistil, vaut encore moins. Telle est la vanité ridicule des novateurs! Ils croient avoir beaucoup fait pour la science, quand ils en ont changé les expressions.

Les plantes sont des êtres vivans; quoique très-éloignées des animaux, elles ont avec eux une foule de rapports : comme eux, elles croissent, vivent, se fécondent, produisent de nouveaux individus, et meurent; comme eux, elles ont des organes, des liqueurs, reçoivent des alimens, qu'elles convertissent en leur propre substance. Quoique leurs organes et leurs fonctions soient très-différens de ceux des animaux, ils tendent néanmoins au même but, et l'on a donné bien souvent des noms communs à ces deux classes d'êtres animés. Les plantes ont un épiderme, une moelle, des fibres, des veines, des vaisseaux, des organes sexuels, un ovaire, un placenta, des embryons, etc.; autant d'expressions empruntées des animaux, mais avec les modifications convenables.

Les noms sont, jusqu'à un certain point, indifférens; l'essentiel est de bien déterminer le sens qu'on y attache : avec cette attention, on n'a point d'erreurs à craindre, et lorsqu'il s'en commet, c'est ou la faute de l'auteur, qui n'a pas été assez clair, ou celle du lecteur, qui l'a mal compris. On ne peut donc que désapprouver ces auteurs modernes, qui substituent tous les jours, pour les organes et autres attributs des végétaux, des noms nouveaux à ceux jusqu'alors en usage. Ils se fondent, à la vérité, sur une double raison; la première, que l'expression ancienne rend mal l'idée qu'on y attache ; la seconde, que la nouvelle expression est plus en rapport avec les nouvelles découvertes : j'en connais une troisième, celle de paraître publier de nouvelles observations, en masquant celles de leurs prédécesseurs sous une expression qui a l'apparence de la nouveauté dans les idées.

Ce serait ici le lieu de prouver ces inculpations par des exemples : j'allais le faire ; mais j'ai senti que quelques citations isolées eussent été insuffisantes ; on aurait pu croire d'ailleurs qu'elles étaient choisies à dessein pour dénigrer des auteurs dont j'estime les talens, et que mon projet était d'étendre ma critique sur toute espèce d'innovation. Je suis très-eloigné d'avoir cette intention : il est beaucoup de réformes auxquelles j'applaudis, beaucoup de découvertes qui ont éclairé, embelli cette science, déjà si intéressante par elle-même, mais qui ne doit être ni profanée ni obscurcie par des charlatans et des intrus, dont le but semble être de renverser les idées reçues, de faire disparaître, sous l'appareil imposant d'expressions scientifiques, les lumières que des hommes de génie avaient jetées sur les véritables élémens de la science. Au reste, toutes ces prétendues réformes sont réduites à leur juste valeur par tous ceux qui ont une longue habitude de l'étude et de la réflexion ; mais les jeunes gens peuvent aisément se laisser séduire par ce jargon emphatique, qui prend, aux yeux de l'ignorance, l'apparence de l'érudition.

Depuis long-temps la langue grecque a joui du droit presque exclusif de nous fournir des termes techniques : nous ne connaissons en effet aucune autre langue qui se prête plus facilement à réunir plusieurs expressions en une seule, et à présenter souvent, en un seul mot, les caractères de l'objet que l'on veut définir ; mais ces expressions, qui plaisent tant aux savans, épouvantent presque toujours les oreilles délicates qui les entendent pour la première fois, surtout quand on n'est point initié dans les principes de la langue grecque ; d'un autre côté, pourquoi, lorsqu'on les traduit, affecter constamment de parler grec, quand on peut profiter des ressources que nous offre notre propre langue ? Quel grand inconvénient y aurait-il à substituer en français aux expressions de *monandrie*, *monogynie*, *monosperme*, celles d'une *étamine*, un *pistil*, une *semence* ? On a même porté la sévérité jusqu'à traduire des mots latins par des barbarismes révoltans, substitués à des expressions généralement adoptées. Qui croirait que des gens de goût eussent rendu les mots *folia serrata*, *cordata*, *reniformia*, *trigona*, etc., par ceux de feuilles *serrates*, *cordates*, *réinaires*, *triquètres*, etc.? Il n'y a donc que le bon goût qui puisse guider dans cette sorte de travail. Au reste, on ne peut trop rappeler aux savans, dans quelque genre que ce soit, de ne point hérisser l'entrée des sciences de trop de difficultés, mais plutôt d'en faciliter l'accès par des dehors séduisans, par la pureté du langage, par un style moins sec, un peu plus orné, et d'être bien persuadés que les ornemens, placés avec discrétion, ne peuvent nuire à la sévérité de leurs principes.

Je crois donc que tout terme nouveau doit être rejeté lorsqu'un autre a déjà été admis pour exprimer la même idée, quoique, pour justifier ce changement, on s'efforce de lui donner un sens un peu différent. Je ne peux me dispenser d'en citer quelques exemples pour être mieux compris. Des auteurs modernes ont annoncé, comme une observation neuve, que ce qu'on nomme *calice commun*, dans les plantes composées ou *syngénèses*, n'était qu'un involucre, et que l'*aigrette des semences* devait être regardée comme le véritable calice. Où est donc la découverte, sinon dans le changement des expressions? Linné n'avait-il pas mis l'involucre au rang des calices? N'avait-il pas également reconnu que les *aigrettes* étaient le calice propre des fleurs composées [1]? Un auteur plus moderne a adopté le nom de *péricline* pour le calice commun des composées, qu'il nomme *synanthérées*; le nom de *cypsèle* pour les semences; celui de *clinanthe* pour le réceptacle; de *calathide* pour la réunion des fleurs sur le réceptacle commun, etc. Ces expressions pourraient être admises, s'il n'en existait pas d'autres avec lesquelles on s'entend tout aussi bien, malgré la critique qu'on en a faite : il est encore à regretter que l'auteur ait nui d'ailleurs, par des expressions à jamais inadmissibles, aux excellentes observations qu'il a présentées sur cette famille. S'il était permis au premier venu, sous prétexte de réforme, de changer à volonté, dans une langue quelconque, les noms généralement adoptés, quel désordre s'introduirait dans les langues? Voltaire, lui-même, malgré l'influence de ses

[1] *Calix flosculi corona seminis, apice germinis insidens* : LIN., *Gen plant.*, 392. *Edit.* Reich.

grands talens, n'a pu parvenir à faire admettre dans notre langue quelques mots nouveaux, suppléés à d'autres barbares et presque insignifians.

Si l'on y fait attention, l'on verra que les organes auxquels on applique des termes nouveaux étaient connus et nommés depuis long-temps. C'est envain que, pour motiver ces changemens, on cherche à considérer les différentes parties des plantes sous d'autres rapports. Telle est la subtilité des novateurs, au moyen de laquelle ils croient se faire passer pour des auteurs originaux; mais comme les objets peuvent être vus sous bien des faces, d'autres s'en emparent, et usent à leur tour du même privilége; nouveaux changemens, nouvelle dénomination. La plupart des écrits publiés depuis quelques années nous en offrent de nombreux exemples.

D'une autre part, une subtile métaphysique, introduite par quelques imaginations exaltées, est venue ajouter le désordre des idées à celui de la nomenclature, en confondant tous les organes, et cherchant à les rapporter presque à un seul, sans s'embarrasser de leurs fonctions respectives. C'est ainsi que, dans un mémoire récemment publié, où il y a d'ailleurs de bonnes observations, on représente les *graminées* comme n'ayant que des fleurs *nues*, c'est-à-dire privées de ces enveloppes protectrices, désignées, dans les autres plantes, sous les noms de *calice* et de *corolle*, mais que la nature a remplacées ici par des écailles auxquelles on a donné les noms de *balle*, de *glumes*, de *valves*, etc. Quoique ces organes, bien distincts des feuilles, remplissent essentiellement les mêmes fonctions que les calices et les corolles, que même quelques-uns persistent avec les semences qu'ils enveloppent, quoiqu'ils se présentent constamment sous les mêmes formes, on ne veut y voir que des *feuilles avortées*, des *feuilles rudimentaires*, réduites en *bractées*, tellement qu'à l'aide de l'idée ingénieuse des *avortemens* et des *soudures*, on ne voit plus que des feuilles dans un végétal. On sait aujourd'hui, d'après de prétendues découvertes physiologiques, que l'ovaire est le produit d'une ou de plusieurs feuilles rapprochées et soudées; que ce sont les bords rentrans de ces mêmes feuilles qui constituent les cloisons dans les fruits à plusieurs loges. Il me semble que tout cet étalage scientifique se réduit à dire que les parties des plantes sont toutes composées de tissu cellulaire et réticulaire, dont les modifications forment les divers organes, ce que l'on sait depuis très-long-temps, comme on sait que le corps des animaux est composé de chair et d'os. Je crois qu'il serait inutile d'entrer dans de plus longs détails : tous les bons esprits comprendront aisément quel bouleversement de pareilles idées jetteraient dans la science, si elles n'étaient repoussées par le bon sens; je me serais même dispensé d'en parler, si l'on n'eût essayé de les peindre aux yeux par des figures plus qu'inutiles, et que je désapprouve ici très-formellement : j'en dirai autant de cette *ligne médiane* empruntée des animaux, et appliquée aux végétaux. Je regrette d'être forcé d'entrer dans ces détails : il m'eût été bien plus agréable de les supprimer, si, comme on le verra ailleurs, on ne m'eût mis, malgré moi, dans la nécessité d'en parler.

Par un abus contraire, tandis que les novateurs veulent supprimer des organes bien prononcés; tandis qu'avec une feuille ils forment un calice, une bractée, un ovaire, les cloisons des fruits, etc., ils ont trouvé moyen, d'un autre côté, de donner aux modifications du même organe des noms substantifs distincts, comme s'ils étaient autant d'organes particuliers. Ainsi, un réceptacle allongé et saillant est, pour eux, un *gynophore;* un ovaire pédicellé est un *podogyne*, etc.

Un autre usage, dont on a rendu l'application minutieuse, est celui de présenter, en quelque sorte comme une science ou une étude particulière, les différentes parties de la même science; usage moins blâmable lorsqu'il s'agit de grandes divisions, ou d'une science considérée sous des rapports différens, comme la *physiologie végétale*, la *phytographie*, etc., la première relative aux organes des plantes et à leurs fonctions, la seconde à la description de chacune de leurs parties : mais étendre plus loin ces sous-divisions, et leur donner un nom particulier, c'est établir un *système de nomenclature* à l'infini. On a appelé *phylographie* la description des feuilles; *carpologie*, l'étude des fruits : pourquoi l'étude ou la description des racines, des tiges, des étamines, des pistils, des glandes, des poils, des stipules, des bourgeons, etc., ne recevrait-elle pas également un nom particulier? De l'invention d'une foule de termes qui ne peuvent être compris par la plupart des lecteurs, que par l'exposition de leur étymologie, tandis qu'il serait bien plus simple d'employer une expression commune, telle que celle de *traité*, *étude*, *description*, etc., des fruits, des feuilles, des fleurs, etc.; mais on craindrait d'être entendu trop facilement, et de faire disparaître le cachet de la science. On s'appuie encore sur un motif spécieux; savoir, qu'il est plus élégant de n'employer qu'un seul mot, ou un terme *technique*, au lieu de deux ou trois : j'en conviens, pourvu que ces mots appartiennent à la langue dont on se sert, ou qu'ils puissent être compris sans le secours d'une langue étrangère; du moins faut-il être à ce sujet très-réservé. N'est-il point, par exemple, tout aussi élégant et bien plus intelligible de dire en français : *un fruit à une, à deux, à trois semences*, etc., qu'un *fruit monosperme*, *disperme*, *trisperme*, etc.? Ces expressions, bien placées dans le langage scientifique, doivent être ménagées lorsque l'on écrit pour ceux qui n'entendent ni le grec ni le latin.

CHAPITRE SIXIÈME.

De la nomenclature. Noms des plantes.

Les noms attachés à chacune des productions de la nature, quand ils sont inspirés par le sentiment, dictés par le bon goût, ou amenés par les propriétés des choses, ont un intérêt très-particulier : ils éclairent l'esprit, rappellent des sensations agréables, flattent l'imagination ; mais lorsqu'ils sont insignifians par eux-mêmes, ils ne servent alors qu'à nous empêcher de confondre un objet avec un autre, et, en général, telle est leur principale destination. Mais une imagination riante, qui veut tout embellir, cherche à peindre, autant qu'il est possible, les choses en les nommant, à les peindre sous les rapports qui flattent ou intéressent davantage. Si nous suivions la nomenclature des plantes dans les différens âges, chez les différens peuples, nous reconnaîtrions que telle est la marche que l'on a suivie, et cet examen ne serait pas sans intérêt ; mais je dois ici me borner à quelques observations générales, pour inspirer ce goût de recherches et en faire sentir l'importance.

La nature se montrant à l'homme avec ses guirlandes et ses bouquets, était trop belle pour ne point fixer ses regards ; mais sans doute l'homme pendant long-temps borna son admiration à l'ensemble de ce tableau, sans en examiner les détails : il ne chercha à connaître, à distinguer que les plantes qu'il pouvait convertir à son usage. Le nombre en était très-borné : il n'augmenta qu'à mesure que les plantes médicales vinrent se réunir aux plantes alimentaires, et comme alors ces plantes n'occupaient la pensée que par leurs propriétés, la plupart d'entre elles ne reçurent que des noms relatifs à leur emploi.

Ce système de nomenclature, perpétué d'âge en âge presque jusqu'à nos jours, a flétri, comme dit Rousseau, l'éclat des plus belles fleurs ; et lorsqu'il s'agit de les indiquer par leur nom vulgaire, cette nomenclature ressemble tellement à l'inventaire d'une boutique de pharmacie, que nous ne sommes plus frappés que des maux qui affligent l'humanité.

Ces fleurs, qui naissent en foule sur le bord des ruisseaux, à l'ombre des bocages, qui embellissent les prés, parfument les coteaux, si propres à récréer la vue, à égayer nos idées, converties en *simples*, ne sont plus que des *herbes à l'esquinancie*, *herbe aux poux*, *herbe aux hémorroïdes*, *aux teigneux*, *aux hernies*, *aux verrues*, etc. Ces lugubres dénominations confirmaient le vulgaire de plus en plus dans l'idée qu'on ne devait chercher dans les plantes que des remèdes, et l'on dédaignait toutes celles dont on ne pouvait citer les propriétés.

A ces noms ridicules on en joignit d'autres qui ne l'étaient guère moins; on compara quelques parties des plantes à celles des animaux, et d'après une ressemblance très-vague, plus souvent nulle, on vit paraître les noms de *pied de loup*, *pied de lion*, *pied d'oiseau*, *pied d'alouette*, *pied de veau*; *langue de serpent*, *langue de chien*, *langue de cerf*; *mufle de veau*; *queue de souris*, *de rat*, *de renard*; *barbe de bouc*; *oreille de souris*; *pas-d'âne*; *œil de bœuf*; *dent de lion*; *bec de grue*; *crête de coq*, etc. Ces noms, à la vérité, sont moins dégoûtans, plus supportables que les premiers; mais l'esprit humain s'égarant de plus en plus dans le vague de ces dénominations, l'extravagance fut portée jusqu'au point de croire que les plantes, ou les parties des plantes qui ressemblaient à quelques-uns des organes des animaux, étaient très-utiles dans les maladies qui affectaient ces mêmes organes dans le corps humain. Ainsi l'*herbe au poumon* (la pulmonaire), qui porte sur ses feuilles des taches d'un blanc livide; la *pulmonaire du chêne* (*lichen pulmonarius*), dont les feuilles ressemblent, en quelque sorte, à un poumon desséché, ces deux plantes, quoique très-différentes, ont été employées comme favorables dans les maladies du poumon : elles sont encore aujourd'hui indiquées comme telles dans la plupart des livres de matière médicale.

Il se trouva cependant des imaginations plus riantes, des esprits plus justes, que la forme et l'éclat des fleurs séduisirent davantage que leurs douteuses propriétés : entraînés par les charmes de la nature, ils cherchèrent à rendre leurs sensations par les noms appliqués aux plantes qui les occasionaient. La mythologie, en possession depuis long-temps de tout animer dans l'univers, qu'elle semblait embellir par ses charmantes fictions, vint aussi s'emparer du règne végétal, et les belles formes des plantes furent comparées à celles de la plus belle des déesses, ou aux meubles destinés à sa toilette : les unes furent désignées sous le nom de ses *cheveux*, de ses *lèvres*, de son *nombril;* d'autres furent jugées dignes de lui servir de *miroir*, de *peigne*, de *sabot*. La couleur variée de l'*iris* fut comparée à l'arc-en-ciel; elle prit le nom de la déesse qui le représente. Les muses, les naïades, les napées, les nymphes les plus aimables, les personnages célèbres dans la poésie pastorale, vinrent de nouveau habiter les prés et les bois dans les plantes qui leur étaient consacrées : on y retrouve les noms de Phyllis, de Narcisse, d'Amarillis, du bel Adonis, de l'intéressante Andromède. Les héros et les rois de l'antiquité ne furent pas oubliés : Achille et son instituteur le centaure Chiron, les satyres, Teucer, Lysimaque, Artémise, Sérapias, Mercure, Asclépias, etc., désignèrent autant de plantes différentes.

Si la science ne gagnait rien à cette réforme, du moins elle écartait de la pensée cette dégoûtante nomenclature qui, en l'attristant, la promenait d'erreurs en erreurs. Ce n'est plus ici la fraude de l'empirisme, mais le premier mouvement d'une âme qui s'épanouit à la vue d'une belle fleur, et qui se complaît à l'assimiler à tout ce que la nature offre de plus aimable : là, c'est la *reine des prés* qui brille avec élégance pardessus toutes les autres, récréant la vue par ses fleurs virginales, et l'odorat par son doux parfum; ailleurs, notre regard est frappé par une fleur d'une grandeur imposante : c'est le disque rayonnant du soleil, dont elle porte le nom. Ces expressions sont autant d'images agréables. Qu'importe l'*herbe au cancer*, *à l'esquinancie*, que l'on dédaigne lorsqu'on se porte bien, que l'on recherche peu quand on est malade! mais la *reine des prés*, le *miroir de Vénus*, la *fleur du soleil* excitant la curiosité, promettent des jouissances, et déjà l'amateur est à leur recherche au milieu des prés, des bois, des montagnes. En vain j'essayerais de peindre le plaisir attaché à ce genre de recherches : il brille dans les yeux, dans l'expression animée, dans l'enthousiasme qui transporte tous ceux qui se livrent à cet aimable délassement.

Mais cette belle nomenclature fut interrompue par l'établissement du christianisme. Des esprits atrabilaires crurent qu'il fallait anéantir, jusque dans les plantes, le nom de ces aimables déités dont ils venaient de renverser le culte; ils allèrent chercher, dans de pieuses légendes, des noms de martyrs et de confesseurs pour les donner aux plantes : alors elles reparurent décorées d'une nouvelle nomenclature; il ne fut plus question que de l'*herbe de Saint-Jean*, de *Saint-Laurent*, de *Saint-Quirin*, de *Saint-Christophe*, de *Saint-Paul*, de *Saint-Etienne*, etc.; le *sabot de Vénus* devint le *sabot de Marie* ou de la *mère du Christ* : il y eut la *fleur de la Passion, de la Trinité ;* on en vint à Jésus lui-même. Des plantes furent appelées, les unes, *œil, main de Christ;* d'autres *épine, lance de Christ*, etc.; enfin on y trouve l'*oraison dominicale;* une espèce de souchet se nomme *pater noster;* la gratiole, *grâce de Dieu* (*gratia Dei*). Le diable ne fut pas oublié : la scabieuse porte le nom de *morsure du diable;* le millepertuis, celui de *chasse-diable;* le grand liseron, celui de *boyaux du diable*, etc. C'est ainsi qu'abusant de ce que la religion leur offrait de plus respectable, des esprits superstitieux et grossiers profanaient des noms sacrés, qui ne devaient trouver place que dans les expressions de la reconnaissance envers l'auteur sublime de la nature.

Un nom mal appliqué est plus que ridicule : il entraîne l'esprit humain dans des erreurs que les lumières de plusieurs siècles peuvent à peine détruire. Le merveilleux marche toujours à la suite de l'ignorance, ou plutôt il en est la conséquence. Nous avons vu plus haut que les noms des différens organes donnés aux plantes avaient porté à croire que cette prétendue ressemblance indiquait des végétaux propres à guérir, dans le corps humain, les maladies des organes correspondans : il en a été de même lorsqu'au lieu de noms pharmaceutiques, on a donné aux plantes des noms religieux. Pendant plusieurs siècles, le peuple a été persuadé que le millepertuis, nommé *chasse-diable*, arrêtait les effets des enchantemens, des maléfices, s'opposait à l'apparition des démons; on y joignait aussi la bruyère et l'origan. Les Grecs et les Romains avaient également leurs herbes magiques : la verveine, le moly, la circée, la mandragore, etc. Célèbre par ses propriétés, l'*herbe de Saint-Jean* (l'armoise) l'est encore dans certaines contrées par sa vertu de garantir du tonnerre les édifices, lorsqu'elle est recueillie la veille de la Saint-Jean, et placée au-dessus de la porte des maisons. J'ai vu cette pratique en usage dans quelques villages de Picardie. Matthiole, après avoir vanté les propriétés de la *scabieuse succise* dans les maladies pestilentielles, ajoute qu'on ne la nomme *mors* ou *morsure du diable*, que parce que celui-ci, jaloux de l'efficacité de cette plante, en rongeait les racines pour essayer de la détruire. Ces exemples et beaucoup d'autres que je pourrais y ajouter, suffisent pou faire sentir l'influence des noms sur la croyance du peuple.

On voit avec étonnement les plantes conserver pendant plusieurs siècles cette bizarre nomenclature, et l'homme s'obstiner à ne les considérer que sous leurs prétendus rapports avec la guérison des maladies, ou leur attribuer des effets surnaturels et merveilleux. C'est ainsi qu'à force de vouloir tout rapporter à lui, courant après des chimères qui flattaient son imagination, il laissait échapper la plus belle, la plus douce des jouissances, celle de considérer la nature en elle-même. D'ailleurs, les noms vulgaires et empiriques plaisent beaucoup plus à la multitude que les noms scientifiques : on en conçoit aisément la raison; mais l'on conçoit aussi qu'ils sont insuffisans lorsque l'on veut étudier les plantes avec méthode. Les noms vulgaires seuls isolent chaque plante, n'indiquent aucune sorte de rapports : tels sont ceux d'*orvalé*, d'*ormin*, de *toute-bonne*, qui sont autant d'espèces de sauge; le *chamædrys*, le *polium*, le *chamæpitys*, espèces de *teucrium*, etc.; et lorsque ces noms annoncent des rapprochemens entre plusieurs plantes, ils ne présentent souvent que des erreurs : tels sont le *laurier-rose*, le *laurier-thym*, le *laurier Saint-Antoine*, le *laurier-cerise*, etc., qui ne sont point du tout des lauriers, quoiqu'ils aient avec eux quelque ressemblance par la forme de leurs feuilles. Il faut en dire autant de l'*ortie blanche*, l'*ortie morte*, etc. : ils sont encore très-souvent erronés quand ils sont significatifs : l'*herbe aux hernies*, *au cancer*, etc.

La renaissance des lettres en Europe ramena l'homme à des idées plus judicieuses. Sans renoncer à cette confiance aveugle aux propriétés médicales des plantes, qu'on regarda toujours comme le but principal de leur étude, on songea enfin à les étudier en elles-mêmes, à les observer dans leur organisation, à distinguer les différentes parties qui les constituent, à les décrire avec plus de précision : on s'occupa aussi à corriger leur nomenclature, à la fixer; mais il fallut encore plusieurs siècles pour opérer cette réforme, et amener la science au point de perfection où elle se trouve aujourd'hui.

Les anciens botanistes ne donnèrent assez généralement qu'un seul nom aux plantes, n'ayant presque point l'idée de réunir, sous un même nom générique, les espèces rapprochées naturellement par un certain nombre de caractères communs. Par exemple, les noms de *chamœdrys*, *teucrium*, *beccabunga*, donnés à plusieurs espèces qui appartiennent au genre véronique, offraient isolément des plantes sans rapprochement, mal décrites, difficiles à reconnaître : peu à peu on en vint à réunir plusieurs plantes sous une dénomination commune, en y ajoutant quelques épithètes qui paraissaient les distinguer : *veronica mas*, *serpens*, Dodon.; *veronica assurgens*, Dodon.; *veronica major*, *latifolia*, Clus.; *veronica recta*, *minor*, Clus. Ces caractères se trouvent un peu plus précisés dans Gaspard Bauhin : les genres, ainsi que dans l'Écluse et plusieurs autres, commencent à s'y montrer; mais ces dénominations sont appliquées à beaucoup d'autres plantes qui ne comportent point une telle association : elles ne sont très-souvent rapprochées que d'après leur port, ou la ressemblance vague de quelques-unes de leurs parties. Aucun caractère n'était attaché au nom principal, qui depuis est devenu un nom générique, sous lequel viennent se ranger, comme autant d'espèces, toutes les plantes qui possèdent les mêmes attributs essentiels, mais qui diffèrent entre elles dans des parties de moindre importance, telles que dans leur port, leurs feuilles, leur inflorescence, etc.

Ainsi s'établit une nomenclature plus raisonnée : Tournefort la présenta pour les genres, Linné pour les espèces, en précisant davantage les genres de Tournefort, et substituant aux phrases des anciens deux noms pour chaque plante, celui du genre et celui de l'espèce. Des méthodes ingénieuses, imaginées ensuite pour la distribution des plantes groupées par genres, ont achevé de rendre l'étude de la botanique aussi agréable qu'intéressante : ce sont autant de routes qui nous conduisent à la plante que nous voulons connaître. Avec quel plaisir on les parcourt, dès qu'une fois on en a l'entrée! elles sont semées de débris des fleurs, embaumées par leurs parfums, embellies par leurs formes aimables. Trouver le nom d'une plante, c'est, dans l'état actuel de la science, un véritable problème, assez facile à résoudre dès qu'on s'y est un peu exercé : il occupe l'esprit sans le fatiguer, le réjouit, le distrait, et flatte d'autant plus l'amour-propre, que nous tenons davantage aux vérités que nous découvrons par nous-mêmes. Quel aimable spectacle que la vue d'une jeune personne occupée à éparpiller de ses doigts délicats les pétales d'une rose, d'un œillet, à compter le nombre des étamines et des pistils, à observer la forme des fruits et celle des semences! Sous les dehors d'un jeu enfantin elle se ménage des distractions agréables; elle charme la solitude de la campagne et des bois. La science, qui effraye souvent par son abord, ne se montre nulle part sous un aspect aussi séduisant : ici, elle se cache sous les roses, quand partout ailleurs elle se hérisse d'épines.

Linné, outre la réforme qu'il a introduite dans la nomenclature des plantes, en réduisant chaque espèce à deux noms, a de plus établi une suite de principes pour le choix de ces noms, afin d'éviter toutes ces expressions barbares, insignifiantes, ridicules, dures à l'oreille, dont on faisait usage avant lui; mais il en est résulté deux grands inconvéniens, dont on ne peut accuser cet homme célèbre, mais plutôt le refus constant de plusieurs botanistes de se soumettre à ces règles, ou l'adhésion trop scrupuleuse de plusieurs autres. Parmi les premiers, Adanson s'est montré l'antagoniste le plus acharné contre la réforme de Linné. Après une critique amère de ses principes, il a proposé de nouvelles règles diamétralement opposées à celles de Linné, et d'après lesquelles il a changé une grande partie des noms linnéens. Heureusement il n'a eu qu'un très-petit nombre d'imitateurs : il en est résulté qu'on lit peu ses *Familles des plantes*, ouvrage néanmoins qui renferme de grandes vues et d'excellentes observations. Puisse cet oubli, dans lequel est resté un des bons ouvrages qui ait été publié sur les plantes, détourner tous ceux qui, par un certain esprit d'originalité, ou par tout autre motif, voudraient prendre Adanson pour modèle!

D'autres sont tombés dans un défaut contraire. En admettant les principes de Linné sur le choix des noms sans aucune restriction, ils y tiennent avec une telle rigueur, qu'ils changent continuellement tout nom générique qui s'en écarte. Il suit de là qu'en soumettant la nomenclature à l'opinion des différens botanistes, il sera de toute impossibilité de la fixer, et que les plantes recevront autant de noms qu'il y aura d'opinions différentes. Les uns veulent que les noms soient primitifs et insignifians; d'autres qu'ils soient significatifs, étymologiques, comparatifs, etc.

Les noms significatifs, tant qu'ils ne seront point erronés, ou lorsqu'ils n'exprimeront pas un caractère commun à plusieurs espèces, l'emporteront toujours sur ceux qui sont insignifians, quoique ces derniers aient l'avantage de pouvoir être conservés sans éprouver aucun changement, tandis que les premiers perdent souvent leur signification exclusive par la découverte de nouvelles espèces. En voici la preuve évidente : Je suppose qu'un genre ne soit d'abord composé que de deux espèces, l'une à *feuilles entières*, l'autre à *feuilles dentées :* elles se trouvent dès lors très-bien caractérisées par ces deux expressions; mais si l'on vient à découvrir plusieurs autres espèces douées des mêmes caractères, dès lors les premiers noms n'offrent plus un caractère spécifique, mais peut-être un de subdivision. Malgré cet inconvénient, on les préfère, parce que l'imagination aime à se représenter, même avant de le connaître, l'objet qu'on lui nomme. Ces noms sont tantôt *positifs* lorsqu'ils annoncent des qualités inhérentes aux espèces, comme la *véronique en épi*, *à petites fleurs*, *à feuilles entières*, *incisées*, *pectinées*, etc.; tantôt *comparatifs* lorsqu'on rapproche les espèces d'autres plantes déjà connues et auxquelles elles ressemblent par quelques-unes de leurs parties, comme la *véronique à feuilles de lierre*, *à feuilles de saule*, *à feuilles de paquerette*, etc. On compare encore, mais moins heureusement, certaines parties des plantes à des êtres pris hors du règne végétal, comme le *plantain en cornes de cerf*, etc.

Linné, dont l'imagination était aussi brillante que son esprit était juste et sa conception profonde, forcé, d'après ses principes, de n'employer dans ses descriptions que les termes rigoureusement nécessaires, a plusieurs fois essayé d'en adoucir la sécheresse en faisant usage de noms allégoriques tant pour les genres que pour les espèces. Il l'avait déjà exécuté pour l'établissement de ses classes fondées sur les noces des plantes, divisées d'après le nombre des maris (les étamines) et des femmes (les styles), réunis dans le même lit nuptial, ou placés dans des lits séparés.

L'emploi des noms génériques lui offrait encore plus de moyens de varier ses aimables allégories. Une plante se présente avec des feuilles profondement divisées en deux lobes :

ce sont presque deux feuilles réunies par leur base; Linné y attache le nom de *bauhinia*, en l'honneur des deux frères Bauhin, les restaurateurs de la botanique.

Linné avait reçu des services particuliers et surtout des plantes de MM. Dalberg, frères, l'un chirurgien, l'autre riche négociant des Indes : il leur dédie, sous le nom de *dalbergia*, un genre composé de deux espèces, distinguées par la forme de leurs gousses, et il profite si ingénieusement de leur différence, qu'il nomme la première *dalbergia lanceolaria*, à cause de ses fruits en forme de lancette; la seconde, *dalbergia monetaria*, dont les fruits, comprimés et arrondis, offraient la forme d'une espèce de monnaie, faisant allusion à la profession des deux frères. Nous tenons cette anecdote de M. Vahl, élève de Linné.

Des auteurs plus modernes, profitant ou plutôt abusant de cette aimable conception de Linné, l'ont convertie en allusions épigrammatiques : ils ont plusieurs fois dénigré, par des expressions malicieuses, ceux qu'ils regardaient comme des rivaux dangereux dans une carrière que la seule ambition leur avait ouverte. Abus déplorable de la science, plus flétrissant pour l'auteur qui s'y livre, que pour celui qui en est l'objet; abus qui n'entrera jamais dans un cœur honnête et vertueux! Attacher à une plante un nom d'homme, y ajouter une épithète injurieuse, c'est, avec les lumières de l'instruction, verser dans l'esprit le fiel amer de la satire, et introduire un vice de plus dans la société, j'oserais dire dans les sciences, qu'ont trop souvent déshonorées ces hommes qui ne les abordent qu'avec leurs passions. Je ne citerai aucun exemple de cet abus méprisable, le lecteur honnête en devinera aisément la raison, et rejettera avec mépris cette odieuse nomenclature; mais je ne cesserai de répéter, avec les botanistes les plus célèbres, que dès qu'un nom a été donné à une plante, il doit lui être scrupuleusement conservé, quelle que soit l'opinion particulière de chaque individu : c'est un titre sacré qu'il n'est permis à personne de détruire, à moins que ce nom ne soit essentiellement ridicule et barbare. Autrement, la confusion et le désordre s'introduiraient tellement dans le sanctuaire de la science, qu'ils en éloigneraient tout homme de goût, par des difficultés qui doivent lui être étrangères. Cette coupable habitude a déjà fait des progrès si étendus, que, dès qu'une plante est nommée, si elle est mentionnée ensuite par d'autres, on lui trouve presque autant de noms différens. Je pourrais en citer mille exemples, mais ils sont trop connus; l'ouverture d'un seul ouvrage moderne de botanique en fournira la preuve.

D'un autre côté, je ne peux trop recommander à ceux qui ont des genres ou des espèces nouvelles à nommer, de consulter les règles du bon goût, de méditer, avec une saine critique, les principes que Linné a établis sur cette partie, sans cependant s'y astreindre avec cette rigueur qui ne peut être admise que dans les axiomes de mathématiques : on sait que Linné, lui-même, ne s'est pas toujours montré observateur bien sévère de ses propres principes.

CHAPITRE SEPTIÈME.

Synonymie.

Dès qu'il est question de *synonymie*, l'imagination effrayée n'ose aborder ce dédale obscur de noms divers que les plantes ont reçus successivement pendant une longue suite de siècles, noms très-arbitraires, souvent bizarres et ridicules, tantôt allégoriques, quelquefois fondés sur leurs prétendues propriétés, sur leurs usages, leur forme individuelle, leurs rapports avec les autres êtres de la nature. Long-temps les noms vulgaires ont été les seuls connus, les seuls cités, et, comme il n'était donné à aucune langue particulière de percer à travers toutes les autres, et d'être admise comme langue scientifique, ces noms devaient nécessairement varier d'une langue dans une autre, d'une nation chez une autre. Les anciens, n'écrivant que pour leur pays, se bornaient à citer les plantes sous les seuls noms qui y étaient admis, sans y joindre ceux qu'elles portaient chez les autres peuples; source d'incertitudes et d'erreurs, lorsque, dans les siècles postérieurs, l'on a voulu appliquer, à des plantes désignées sous d'autres noms, ceux qu'elles avaient dans les écrits des anciens botanistes. Plus attachés à en citer les propriétés que les caractères, ils ne les ont livrées à leurs successeurs que par tradition, ou bien accompagnées quelquefois de descriptions vagues et incomplettes. C'est ainsi que quelques-unes nous sont parvenues; mais nous ne pouvons avoir, sur le plus grand nombre, que des doutes, souvent très-difficiles à lever : de là vient que cette partie de l'étude des plantes n'a été long-temps considérée que comme un travail oiseux, trop aride, rebutant, presque sans utilité, n'ayant d'autre avantage, lorsqu'il s'agit des anciens, que de nous mettre à même de profiter de leurs observations, si peu importantes, si erronées, que le profit est bien au-dessous de la peine. S'il est question d'auteurs plus modernes, ce n'est souvent qu'une superfétation de noms changés sans motifs, et qu'il ne faut citer que pour éviter les doubles emplois.

Quoique ces raisons soient assez fondées, je n'en crois pas

moins l'étude de la synonymie très-essentielle pour l'histoire des plantes, et une des plus agréables après la connaissance individuelle des végétaux. Sans doute la synonymie ne sera jamais qu'une étude de mots pour ceux qui ne savent y voir que des mots, et dont la froide imagination, ou le défaut de réflexion, s'arrête au seul énoncé des noms : il n'en est pas de même de celui qui sait se porter au siècle de chacun des écrivains, aux idées, aux préjugés de chaque âge, au lieu natal des plantes, à l'époque et aux circonstances de leur découverte, et à beaucoup d'autres détails qui jettent sur l'histoire des végétaux le plus grand intérêt, comme on le verra ci-après.

On ne peut trop applaudir sans doute aux découvertes des botanistes modernes, à leurs travaux sur la classification des végétaux, à leurs recherches sur les rapports naturels, à cette étude approfondie de l'organisation et des fonctions vitales dans les plantes; mais peut-être, d'une autre part, a-t-on trop négligé les connaissances accessoires, fondées la plupart sur une synonymie bien ordonnée.

La recherche des noms que les plantes ont reçus successivement dans les différens siècles est une étude toute philosophique; elle se rapporte aux idées, aux préjugés, aux erreurs, au perfectionnement de l'esprit humain, au génie des divers peuples; elle se rattache, d'une autre part, à une foule d'observations et de connaissances particulières, relatives aux vertus des plantes, à leur emploi, aux illusions du merveilleux, si séduisantes pour l'imagination, quoique trop souvent aux dépens de la raison. J'ai développé ces différentes considérations à l'article *nomenclature*.

C'est sous le beau ciel de la Grèce que l'on a commencé à observer les plantes; c'est dans cet heureux climat qu'ont vécu les premiers auteurs qui nous en ont transmis la connaissance : aussi est-il peu de contrées qui nous intéressent autant que cette terre classique, d'où sont sortis les instituteurs du genre humain dans les sciences, la religion et les arts; ce qui justifie cette sorte de passion qu'elle a toujours inspirée aux personnes enthousiastes des sciences ou des beaux arts. L'imagination se peint avec un vif intérêt tout ce qui a appartenu à ces temps où l'esprit humain était arrivé à cet état de perfection qui a frappé d'étonnement les siècles suivans; et si les grands écrivains de cet âge sont encore aujourd'hui nos modèles dans l'éloquence et la poésie, les monumens des arts ne le sont pas moins pour les artistes de nos jours; mais ces chefs-d'œuvre ne nous offrent plus que des débris dans les contrées qu'ils ont autrefois embellies : ils ne peuvent guère nous intéresser qu'autant que l'imagination les arrache du milieu des décombres, qu'elle relève les colonnes, qu'elle reconstruit les palais.

Il n'en est pas de même des plantes : ces jardins de la nature, au milieu desquels les anciens contemplaient avec admiration toute la beauté de la végétation, nous les retrouvons à peu près tels qu'ils étaient de leur temps : le cèdre croît encore sur le Liban, le dictame dans l'île de Crète, l'ellébore à Antycire, le lotos dans l'ancienne patrie des Lotophages, etc. Ces plantes, qui ont fixé les regards des premiers hommes, s'offrent encore à nous dans toute la vigueur de leur jeunesse, ornées de leurs brillantes fleurs, telles qu'elles se sont montrées aux premiers observateurs. Ainsi la nature, toujours active et vigoureuse, ne vieillit point; les individus périssent; les espèces se perpétuent, tandis que les travaux des hommes, quelque solides qu'ils soient, éprouvent tôt ou tard le ravage des ans. A l'admiration que nous inspirent leurs ruines, se mêle un sentiment de regret et de mélancolie, que nous sommes loin d'éprouver lorsque nous retrouvons les plantes qui nous ont été signalées par les anciens botanistes. On conçoit dès lors combien il est intéressant de les rechercher dans les contrées où elles ont été indiquées par leurs premiers historiens, de nous y promener leurs ouvrages à la main, d'avoir pour guides, pour compagnons de nos courses Pline, Théophraste, Dioscoride, etc. Mais ces peintres éloquens de la nature nous ont plutôt tracé des tableaux que des descriptions : leur défaut de méthode ne nous permet pas de reconnaître un grand nombre de plantes qu'ils ont mentionnées; nous ne pouvons les aborder qu'avec le flambeau de la plus saine critique, presque toujours environnés de doutes désespérans; recherches pénibles, discussions fatigantes, qui ne sont que pour le savant qui s'y dévoue, mais qui doivent être épargnées au lecteur, pour ne lui laisser que la jouissance d'une découverte utile et curieuse : tels ces voyageurs modestes, qui nous rendent compte du résultat de leurs observations, mais qui se taisent sur tout ce qu'il leur en a coûté de peines et de fatigues pour y parvenir.

Les difficultés deviennent encore plus insurmontables, pour la synonymie, à mesure qu'on s'éloigne du siècle des premiers botanistes : les noms employés par les médecins dans ces temps d'ignorance et d'obscurité, étaient presque tous des noms barbares, insignifians; ils variaient d'un siècle à un autre, d'une nation chez une autre : très-souvent oubliées ou négligées, les mêmes plantes reparaissaient comme nouvelles sous d'autres noms, douées de nouvelles propriétés, sans description, sans synonymie, telles enfin, qu'il nous est aujourd'hui presque impossible de leur appliquer les noms qu'elles ont portés dans ces siècles de ténèbres; travail fastidieux, qui a occupé si péniblement une foule de commentateurs obscurs, dont les recherches n'ont servi qu'à nous montrer jusqu'à quel point l'esprit humain est susceptible de crédulité et de superstition lorsqu'il n'est guidé que par de vieux préjugés.

Rien de plus funeste aux progrès des sciences, que cet ascendant avec lequel établissent leurs opinions ces hommes parvenus à jouir de la confiance de leurs semblables. S'ils leur ont ouvert une fausse route, chacun croit devoir la suivre, personne n'ose s'en écarter; souvent il faut des siècles avant de retrouver le véritable chemin. Telle la botanique est restée jusque vers le seizième siècle, où des esprits plus éclairés sentirent enfin qu'il était impossible de s'occuper de l'étude des plantes sans donner de chacune d'elles une description convenable, et sans rappeler les différens noms qu'elles avaient reçus jusqu'à cette époque; tel fut l'objet du travail de l'Écluse, de Dodoens, de Dalechamp, et surtout des célèbres frères Bauhin, qui, tous deux, s'efforcèrent de joindre à leurs descriptions l'ancienne nomenclature. Quoique leur synonymie soit quelquefois douteuse ou inexacte, ils n'ont pas moins posé les premiers fondemens de la science des végétaux, qu'ils ont fait sortir de l'obscurité, où l'avait retenue si long-temps l'ignorance des vrais principes.

Mais ce travail en exigeait un autre. Chez les anciens, chaque plante avait un nom particulier, rarement de ces noms communs qu'on a depuis appelés *noms génériques.* Lorsque les plantes furent étudiées avec plus de méthode, on en forma de petits groupes, à la vérité très-imparfaits, dans lesquels on réunissait toutes celles qui paraissaient se convenir le plus par leur port, par une sorte de ressemblance générale qui les rapprochait : elles recevaient alors un nom commun ; les espèces étaient désignées par une sorte de phrase très-courte, souvent établie sur leurs attributs particuliers, sur leurs rapports avec d'autres plantes, sur leurs propriétés ou leur lieu natal.

Telle fut la marche suivie principalement par G. Bauhin, ainsi que par quelques-uns de ses prédécesseurs et de ses contemporains. Forcés de changer les noms d'un grand nombre de plantes, ils eurent soin en même temps de rappeler ceux qu'elles avaient reçus auparavant : c'était déjà un premier pas vers l'établissement des genres, dont on n'avait encore qu'une idée très-imparfaite. Combien, dans ces groupes mal composés, dans lesquels on accumulait des plantes très-différentes les unes des autres, rapprochées seulement par une ressemblance vague ; combien, dis-je, on était loin alors de la connaissance de ces bases naturelles, sur lesquelles les genres devaient être appuyés !

Ces changemens successifs dans l'étude des plantes devaient nécessairement en amener un dans leur nomenclature : il n'était plus possible de conserver, sous le même nom, des plantes qui appartenaient à des genres très-différens, et chaque méthode, chaque réforme obligeaient leurs auteurs à placer dans de nouveaux genres des espèces connues sous d'autres noms ; mais, à l'aide de la synonymie, il était facile de s'entendre, de profiter des observations faites par tous ceux qui s'étaient occupés des progrès de la science : on avait alors des descriptions et des figures qu'on pouvait consulter, et, malgré l'imperfection des unes et des autres, ce n'était plus cet ancien chaos, dans lequel nous avaient jetés, pendant une longue suite de siècles, des noms barbares, des descriptions vagues ou nulles, des notions fausses, l'oubli ou l'ignorance de ces caractères, qui, seuls, peuvent fixer la distinction des espèces.

Cette nomenclature, particulièrement celle de G. Bauhin et de Tournefort, se conserva, sauf quelques changemens, jusqu'au temps où Linné, se frayant une route nouvelle, établit cette ingénieuse nomenclature, de laquelle aujourd'hui il n'est plus permis de s'écarter, et qui convient également à toutes les distributions imaginées pour la classification des végétaux. A la vérité, on lui a reproché d'avoir changé trop facilement presque tous les noms des plantes ;

mais sur quoi porte ce reproche? Ce ne peut être sur les noms spécifiques, qui n'existaient point alors, à moins qu'on ne prenne pour tels ces phrases presque insignifiantes qu'il a remplacées par d'autres bien autrement caractéristiques. Il ne peut pas porter davantage sur les genres : ceux qui existaient à l'époque de la réforme linnéenne, étaient la plupart composés d'espèces qui ne se rapportaient plus aux caractères des nouveaux genres : ces espèces devaient donc en être retranchées, classées dans d'autres genres, recevoir une nouvelle dénomination, et l'ancien nom du genre changé, pour éviter la confusion. Si quelquefois il a porté un peu trop loin, à ce sujet, la sévérité de ses principes, vouloir aujourd'hui rappeler d'anciens noms qu'il aurait pu conserver, ce serait jeter de nouveau le désordre dans la science, surcharger, sans aucun avantage, chaque espèce d'une synonymie déjà beaucoup trop étendue.

Tel est malheureusement l'état de la science depuis qu'une nuée de réformateurs, se jetant avec acharnement sur les ouvrages de Linné, se sont imposé la tâche de soumettre ses genres à leur examen, de supprimer les uns, de lacérer les autres, d'en changer les noms, les caractères, tellement que si l'on donnait aujourd'hui un *Species plantarum* d'après toutes ces réformes, à peine pourrait-on y reconnaître quelques vestiges de l'ancien travail du botaniste suédois, quoique souvent publié sous son nom. A la vérité, depuis environ un demi-siècle, le nombre des plantes connues a été presque doublé : ces découvertes ont amené l'établissement de beaucoup de nouveaux genres; des espèces rares, peu connues, ont été mieux observées; elles ont exigé des réformes, que Linné lui-même eût exécutées. On ne pouvait, sans doute, qu'applaudir à ces utiles travaux; mais l'abus est venu à leur suite.

Corriger, rectifier les genres de Linné, paraît être devenu un titre à la célébrité; c'est, en quelque sorte, s'élever jusqu'à lui et même le surpasser, dans l'opinion de ces réformateurs. Ils se sont dès lors livrés tout entiers à saisir les plus légères différences dans les parties de la fructification des espèces, pour séparer ces dernières du genre auquel Linné les avait réunies : elles sont devenues le type d'autant de nouveaux genres, et l'on en voit tel disparaître presque entièrement, et remplacé pour douze ou quinze autres et plus.

Ces novateurs, plus jaloux encore les uns des autres, qu'ils ne le sont de Linné, sont loin d'être d'accord entre eux : l'un détruit ce que l'autre édifie; et souvent d'un travail établi à peu près sur les mêmes bases, résultent presque les mêmes genres, mais sous des noms différens.

Le changement des noms est la première opération, parce qu'elle est la plus facile, et qu'elle semble donner plus d'importance au travail. Des observations, souvent minutieuses, fixeraient peu l'attention, tandis qu'elles s'annoncent bien autrement lorsqu'elles servent de base à la formation de genres nouveaux : ceux-ci, s'ils ne sont point admis, doivent être du moins cités dans la synonymie des espèces; c'est toujours une sorte de dédommagement pour l'amour-propre de leurs auteurs. Au reste, quel que soit le motif de ces changemens, il n'en résulte pas moins un désordre dans l'ensemble de la science, qui ne peut guère être réparé que par l'exactitude de la synonymie; tandis que si ces mêmes auteurs se fussent bornés à nous présenter leurs observations sans chercher à dénaturer les genres, à en supprimer les noms, ils auraient contribué bien plus directement à la perfection de la botanique. Cette nouvelle synonymie, quoique moins rebutante, moins difficile que celle des anciens, n'en est pas moins une superfétation qui fatigue la mémoire; ce serait bien pire, si une critique juste et sévère ne rejetait la plupart de ces nouveaux genres, établis sur la dilacération de ceux de Linné.

Il est donc essentiel de distinguer deux ordres dans la synonymie : le premier doit comprendre la synonymie des anciens jusqu'à Linné; le second, celle de tous ceux venus après lui, qui ont parlé, sous d'autres noms, des plantes qu'il avait nommées avant eux. Ce travail, quoique souvent fastidieux, est indispensable pour éviter les doubles emplois. Faudra-t-il également citer tous les auteurs qui ont traité des mêmes plantes sous les mêmes noms qu'elles ont reçus de Linné? Question délicate, surtout si l'on considère le grand nombre d'auteurs qui ont écrit depuis ce célèbre réformateur. Que de flores particulières qui ne nous apprennent rien! Que de monographies incomplettes! Que de figures de plantes répétées sans aucune nécessité! On conçoit que s'il fallait tout citer, chaque espèce amènerait à sa suite des pages entières de synonymes : il n'y a donc aucun inconvénient à passer sous silence toutes les flores, qui ne sont que de simples catalogues de localités, et qui n'offrent aucune description, aucune observation particulières; en général, ces ouvrages ne doivent être cités que pour les espèces qui sont ou figurées pour la première fois, ou qui ne l'avaient été qu'imparfaitement, et qui sont accompagnées de quelques notes critiques un peu importantes : on ne doit pas non plus oublier les plantes qui naissent dans des contrées très-différentes de celles où elles se rencontrent ordinairement, telles que des plantes d'Europe nées en Amérique, *et vice versâ*, quand toutefois l'auteur mérite notre confiance.

Il arrive aussi qu'on trouve, dans un grand nombre de *Flores*, des plantes rapportées faussement aux espèces de Linné. Quand on découvre de telles erreurs, elles doivent être relevées avec soin : elles se reconnaissent, soit d'après les figures ou les descriptions que les auteurs en ont données, soit d'après les exemplaires de ces plantes qu'ils ont communiqués, soit par les recherches faites dans les mêmes localités. On voit, d'après toutes ces considérations, que la synonymie des auteurs modernes exige également une grande attention et beaucoup de recherches quand on veut éviter de réunir, sous une même dénomination, plusieurs espèces différentes, ou de distinguer, comme séparées, des plantes qui doivent être réunies. Ces erreurs sont très-fréquentes et souvent inévitables, surtout lorsqu'on n'a point sous les yeux les plantes mentionnées par les auteurs : il serait de plus à désirer que, dans la citation des synonymes, on fît connaître, au moins par des signes de convention, le degré de certitude que l'on peut avoir de chacun d'eux. On se borne ordinairement à indiquer le doute : ce signe est insuffisant. Que de degrés entre la certitude absolue, la simple probabilité et le doute! Si la nature de l'ouvrage permet plus d'étendue, comme dans les monographies, on doit alors présenter des observations sur la conformité des descriptions et des figures, avec la plante que l'on veut faire connaître : J. Bauhin, dans son *Histoire des plantes;* Tournefort, dans ses *Herborisations aux environs de Paris*, nous en ont donné l'exemple. Il est étonnant que le premier soit peu cité, que le second ne le soit point du tout dans les *Flores* que l'on a publiées, des plantes des environs de Paris.

Une synonymie bien ordonnée peut donc, seule, nous offrir l'histoire complette de chaque plante, à partir de celui qui en a parlé le premier jusqu'à l'auteur le plus moderne : elle n'est donc plus une étude de mots, mais un tableau instructif des faits observés avec plus ou moins d'exactitude, celui des erreurs accréditées ou détruites, enfin des progrès successifs de l'esprit humain dans l'observation des sciences naturelles. Chaque synonyme devient, en quelque sorte, le titre d'un chapitre particulier, dont le développement se trouve dans les ouvrages auxquels on renvoie le lecteur et qu'on soumet à son jugement. Jean Bauhin a fait plus : il ne se borne pas à citer, dans son *Histoire des plantes*, les auteurs qui avaient traité de chacune d'elles avant lui ; par de savantes et judicieuses dissertations, il assigne à chacun d'eux le degré de confiance qu'il croit pouvoir lui donner, discute leurs assertions, l'exactitude ou les défauts de leurs descriptions et des figures qui les accompagnent. Malheureusement entraîné par les préjugés de son siècle, il s'est trop appesanti sur les propriétés médicales des plantes.

Ce n'est donc que par un travail semblable à celui dont Jean Bauhin nous a donné le modèle, que nous pourrons avoir une histoire complette des plantes, car on ne doit pas regarder comme telle ces *Species* publiés à différentes époques, bornés, comme ils doivent l'être en effet, à la seule indication des espèces, avec les caractères qui les distinguent, et la synonymie des auteurs les plus renommés, mais sans qu'il soit fait mention du degré de confiance qu'ils méritent. Dans l'état actuel de la science, un travail d'une aussi grande étendue serait difficilement exécuté par un seul homme : il ne pourrait l'être que par la réunion d'une suite de bonnes monographies, qui permettent beaucoup plus de développement que les ouvrages classiques.

CHAPITRE HUITIÈME.

Voyages, herborisations, herbiers.

1°. *Voyages.*

« La botanique, dit Fontenelle dans l'*Éloge de Tournefort*, n'est pas une science sédentaire et paresseuse, qui se puisse acquérir dans le repos et dans l'ombre d'un cabinet, comme la géométrie et l'histoire, qui, tout au plus comme la chimie, l'anatomie et l'astronomie, ne demandent que des opérations d'assez peu de mouvemens; elle veut que l'on coure les montagnes et les forêts, que l'on gravisse contre des rochers escarpés, que l'on s'expose au bord des précipices. Les seuls livres qui peuvent nous instruire à fond sur cette matière ont été jetés au hasard sur toute la surface de la terre, et il faut se résoudre à la fatigue et au péril de les chercher et de les ramasser : de là vient qu'il est si rare d'exceller dans cette science. Le degré de passion qui suffit pour faire un savant d'une autre espèce, ne suffit pas pour faire un grand botaniste, et, avec cette passion même, il faut encore une santé qui puisse la suivre, une force de corps qui y réponde, etc. »

Il n'y a donc que les courses et les voyages qui puissent nous faire connaître ces brillantes productions de la nature, ces végétaux nombreux qui partout revêtent la surface du globe, et varient selon le climat, l'exposition et la température. Les plantes nées sous le soleil brûlant de l'Afrique ne sont plus les mêmes que celles qu'on rencontre en Europe; celles des Indes ne ressemblent pas à celles de l'Amérique, et la belle végétation des tropiques disparaît à mesure que l'on s'avance vers la terre glacée des pôles. Quelle jouissance pour le naturaliste transporté loin de sa patrie, et dont les regards sont, pour la première fois, frappés de l'ensemble des productions d'un climat étranger! Là, rien ne ressemble à ce qu'il a vu, et ce qu'il sait devient un point de comparaison pour mieux juger de ce qu'il voit : ce n'est plus la même terre que celle qu'il a quittée; des fleurs toutes nouvelles embellissent le gazon qu'il foule à ses pieds; la forêt qui le reçoit sous son ombre ne lui offre plus un seul des arbres connus en Europe. Combien, dans le vif transport de son ravissement, il jouit d'avance du plaisir de voir un jour ces belles plantes se ranger parmi celles de son pays natal! Quelle douce récompense de ses travaux lorsqu'il verra briller dans nos parterres ces riches fleurs de l'Amérique ou des Indes! Au milieu de ces idées bienfaisantes, il oublie qu'un soleil brûlant le dévore, que la fatigue épuise ses forces, que cette terre nouvelle est arrosée de ses sueurs : il ne voit, au milieu de ses recherches, que les avantages de sa patrie, la perfection, l'agrandissement de la science. Si nous avons aujourd'hui une connaissance plus étendue des productions de la nature; si la botanique a fait, dans ces dernières années, des progrès si rapides, nous le devons particulièrement aux travaux, à la courageuse intrépidité des voyageurs.

Le naturaliste voyageur est donc un conquérant plein d'une noble ambition, dont le but est d'enrichir son pays des productions naturelles de toutes les parties du globe. Au milieu de l'élévation de ses idées, il ne voit d'autres bornes à ses conquêtes que celles de l'univers : soutenu dans cette vaste entreprise par l'espoir du succès, il ne connaît ni fatigues ni dangers. Quoique avec des intentions pures, il pourra peut-être exciter les soupçons des peuples barbares, se trouver exposé à leur férocité : rien ne l'arrête; il part pour remplir ses grandes destinées. Il ne marche point à la tête d'une puissante armée, menaçant les peuples et les trônes : c'est un homme simple et paisible, qui n'a d'autre désir que de répandre des bienfaits, d'autre défense que des paroles de paix.

Qui croirait que, sous cet extérieur modeste, il peut, par ses découvertes, enrichir de vastes provinces, peupler des déserts, poser les fondemens d'un commerce vivifiant, préparer de loin l'établissement d'utiles colonies, offrir des ressources à l'industrie, des richesses au travail, de nouvelles jouissances à la société? Ces assertions, tout étonnantes qu'elles peuvent être, n'ont rien d'exagéré, et sont tous les jours confirmées par l'expérience. Quelle activité n'ont point jetée, parmi de grandes nations, la découverte des épices, la culture du mûrier et des vers à soie, celle du caféier, de la canne à sucre; le commerce de l'indigo, celui de la cochenille nourrie par le nopal; l'introduction du maïs, de la pomme de terre en Europe, celle du sarrasin et de beaucoup d'autres plantes intéressantes?

Un gouvernement sage, dont les regards prévoyans savent percer dans l'avenir et se reporter sur le passé, pourra calculer combien l'étude de la nature est souvent importante pour la prospérité des États, et quels avantages précieux peuvent résulter de voyages entrepris pour les progrès des sciences. Combien de semblables voyages diffèrent de ceux qui, dans des temps plus anciens, n'avaient pour but que les conquêtes et le pillage! Ils ne sont plus ces siècles d'ignorance et de superstition, où le goût des voyages n'était que l'ambition des conquêtes, où les relations de commerce dégénéraient en brigandages, les alliances en traites d'esclaves, et la religion en fanatisme; où la perfection des arts tournait à la perte des nations étrangères; où les mines d'or devenaient un titre de proscription. N'a-t-on pas vu l'Européen ne pénétrer dans les antiques forêts de l'Amérique que comme la bête féroce altérée de sang? le feu de la guerre dévorait les peuples avec la rapidité de la flamme qui embrase les moissons. Puissent-ils être à jamais effacés des fastes de l'histoire ces temps d'horreur, de superstition et de barbarie! Puissent du moins ces hommes, éclairés par les principes d'une saine philosophie et d'une religion ramenée à son véritable but, faire oublier ces crimes commis envers l'humanité! Que le voyageur porte également ses vues bienfaisantes et sur la patrie qui l'a vu naître, et sur les nations qu'il visite; que ses découvertes soient utiles à tous les peuples, et qu'il prouve à l'ignorance que ces recherches ont bien souvent des résultats très-importans pour la société.

Pendant combien de siècles n'a-t-on pas employé dans les arts, dans la matière médicale, dans l'économie, etc., des substances exotiques, des fruits, des racines, des gommes, des laques, etc., sans aucune notion sur les plantes qui les fournissaient? Ce que n'ont pu faire les négocians qui fréquentaient les pays étrangers, le botaniste l'a exécuté en y abordant : il est résulté de ses découvertes que plusieurs de ces substances, recueillies à grands frais dans les pays lointains, pouvaient être également retirées de nos plantes indigènes, qui ont, avec les exotiques, des rapports de genre ou de famille. C'est ainsi qu'il a été reconnu que notre violette d'Europe contenait dans ses racines, prises à forte dose, les mêmes propriétés émétiques que l'ipécacuanha, qui appartient au même genre; que la plupart de nos orchis bulbeux pouvaient fournir du salep aussi parfait que celui du Levant, qui provient également d'une espèce d'orchis, etc.

C'est ainsi que se répandent, dans la société, les découvertes du voyageur : le sibarite savoure des fruits plus délicats; des liqueurs, parfumées par les aromates de l'Inde, arrosent son palais; nos meubles sont construits d'un bois plus recherché; nos voitures brillent d'un vernis indélébile. Ce luxe d'ostentation enrichit les arts, développe l'industrie, et répand l'aisance et le bien-être parmi les nombreux ouvriers qu'il occupe : d'un autre côté, l'habitant des campagnes trouve à remplacer les productions, quelquefois très-médiocres, de son terroir par d'autres plus abondantes, souvent plus substantielles. Chacun profite de ces bienfaits, et souvent l'homme qui les a procurés est à peine connu : on ignore combien de sueurs et de fatigues ils ont coûté à leur auteur; on va même quelquefois jusqu'à regarder avec une sorte d'improbation cette noble passion qui transporte le botaniste loin de son pays pour le livrer à la recherche des végétaux étrangers. Son nom, ses travaux restent dans l'oubli : peut-être en serait-il autrement, si le voyageur pouvait, aussitôt son retour, annoncer l'heureux usage que l'on peut faire des plantes qu'il rapporte; mais ce n'est bien souvent qu'après de longs essais qu'on trouve l'emploi des plantes exotiques, cultivées d'abord par curiosité ou pour l'ornement de nos parterres. Si ce sont des arbres de haute futaie, combien ne faut-il pas d'années, j'oserais dire de siècles, pour les acclimater, les multiplier! Des fruits acerbes, il les faut greffer : cette tentative est quelquefois long-temps sans succès, avant que l'on puisse reconnaître quels sujets leur conviennent, la culture qu'ils exigent, et les usages auxquels on peut les employer.

Ainsi s'écoulent de longues années pendant lesquelles le naturaliste est oublié : tandis qu'on jouit du fruit de ses travaux, ses jours se passent dans l'obscurité, et quelquefois dans une médiocrité voisine de l'indigence. Il faut cependant rendre justice aux savans de nos jours : ils ont trouvé le moyen de perpétuer, autant qu'il est en eux, la mémoire de tous ceux qui, par leurs voyages et leurs travaux, ont contribué à étendre les limites de la science : leur nom est attaché à des plantes nouvellement découvertes. Heureux si cet hommage n'eût pas été trop souvent flétri par l'adulation, en l'adressant à des êtres plus connus par leurs dignités ou leur naissance, que par leurs travaux! On l'a vu prodigué même à des courtisanes titrées, comme si les richesses ou le rang pouvaient couvrir la prostitution d'un voile honorable, tandis que les noms de savans estimables, donnés aux nouveaux genres, en signalent les talens et les bienfaits, et deviennent autant de monumens précieux pour l'historique de la science.

Combien de pareils souvenirs viennent ajouter aux douces jouissances de l'homme lorsque, au milieu de ses bosquets, les arbres nouveaux qui les embellissent lui rappellent les noms de ceux qui en ont fait la découverte, le transportent dans les contrées où ils croissent, et lui peignent les fatigues et les dangers qui en ont souvent accompagné la conquête! C'est donc un tribut bien mérité que celui d'immortaliser, dans ces annales vivantes de la science, le nom de tous ces voyageurs qui ont enrichi leur pays de végétaux exotiques, tribut que nous devons leur payer avec d'autant plus de sévérité, qu'il est souvent la seule récompense de leurs longs travaux : c'est ainsi que Linné a donné le nom de *robinia* à cet arbre précieux connu vulgairement sous le nom d'*acacia*, de *faux acacia*, introduit en France par Jean Robin, sous le règne de Henri IV, vers l'an 1600.

Après avoir exposé les avantages que les sciences et la société pouvaient retirer des voyages entrepris par des naturalistes éclairés, je dois aussi présenter quelques réflexions sur l'exécution de ces grandes entreprises, afin qu'à son retour le voyageur n'ait point à se reprocher d'avoir négligé des recherches qu'il n'est plus en son pouvoir de réparer. C'est particulièrement dans la jeunesse que la passion des voyages se fait sentir; c'est à cet âge que l'imagination, exaltée par la grandeur du spectacle de l'univers, est susceptible des plus vives conceptions; c'est alors qu'une impatiente curiosité tourmente un jeune homme brûlant du désir de la satisfaire. Cette louable émulation, ce dévoûment à un genre de vie aussi pénible, peuvent conduire à de très-grandes choses le cœur qui en est pénétré; mais s'il est beau de s'y abandonner, il est encore plus prudent de ne le faire que lorsqu'on est parvenu à ce degré d'instruction propre à en assurer le succès. Il est donc des dispositions de corps et d'esprit indispensables, et sans lesquelles le voyageur ne pourra rien exécuter de grand, ni prendre une idée juste de tout ce qu'il verra.

L'homme qui est né faible, énervé par les plaisirs, accoutumé à un genre de vie trop délicat, sera bientôt rebuté par les fatigues inséparables d'un long voyage; il se trouvera hors d'état de se livrer aux recherches qui doivent en être le fruit : il lui faut une santé robuste, un corps exercé à la fatigue, du courage dans les dangers, de la constance au milieu des obstacles; il lui faut renoncer à ces douces habitudes contractées dès l'enfance, et que le temps convertit en besoins. En Europe, les voyages ne sont que de longues promenades : il n'en est pas de même dans les vastes contrées des autres continens, parmi ces peuplades errantes, plus à craindre souvent que les intempéries de leur climat. Le voyageur doit connaître l'usage des armes, surtout celui des armes à feu, tant pour sa propre défense, que pour fournir, dans les cas de besoin, à sa subsistance; il est essentiel qu'il sache nager, diriger un bateau, soigner et panser un cheval, conduire une voiture, etc.

Les dispositions de l'esprit ne sont pas moins nécessaires que celles du corps : il faut, pour bien observer, apprendre à bien voir, à voir sans préjugés, avec discernement, avec réflexion; à considérer les objets sous leurs différentes faces. On y parvient par un jugement sain, par l'habitude d'observer la nature et les hommes, avec des connaissances acquises par l'étude et la méditation; il faut surtout étouffer tout penchant au libertinage. A la vérité, l'homme n'existe pas sans passions : celle qui doit dominer dans le voyageur est la seule ambition des découvertes et des connaissances utiles; si quelque autre altérait la sérénité de son âme, elle l'écarterait du but de son voyage. L'expérience nous apprend que quiconque voit les objets, le cœur occupé d'une passion étrangère, les voit presque toujours mal; qu'il les voit avec légereté, avec distraction : les profondes affections nous jettent dans un état d'abattement qui conduit à la mélancolie et nous rend insupportable tout ce qui ne prend pas le caractère de nos pensées.

Une imagination trop exaltée peut encore jeter dans beaucoup d'erreurs : on les évitera toutes les fois que le jugement en réglera les mouvemens. L'imagination doit mettre en activité nos facultés intellectuelles, mais elle ne doit jamais agrandir les objets : il faut les voir tels qu'ils sont, avec le coup d'œil sévère de l'observation. Les préjugés nationaux sont une autre source d'erreurs qui nous font mal juger les peuples que nous visitons : nous taxons trop légèrement de barbares et de malheureuses les nations qui n'ont ni les mêmes mœurs ni les mêmes habitudes que nous ; comme si le bonheur ne pouvait pas pénétrer, même plus facilement, sous la hutte enfumée du sauvage, que dans les palais de l'opulence !

Je n'ai présenté ces réflexions que parce que les recherches des naturalistes se bornent rarement aux seuls objets d'histoire naturelle ; que les mœurs, les usages, le gouvernement des nations, doivent fixer également leur attention ; mais comme les plantes font le principal objet du botaniste, j'ajouterai quelques observations sur la manière d'en faire la recherche, et sur les moyens de conserver et de faire parvenir en Europe les graines récoltées.

2°. *Herborisations.*

On donne le nom d'*herborisations* à ces excursions faites à la campagne dans l'intention d'y recueillir et d'étudier les plantes qui y croissent naturellement : cet exercice est, pour le botaniste, une de ses plus agréables jouissances. En se livrant, au milieu des prés et des bois, à la recherche des plantes, l'homme semble rentrer dans tous ses droits naturels : ce qu'il ambitionne est à tous, il est au premier occupant. Qui voudrait lui disputer la fleur des champs ? Qui pourrait la lui envier ? Il n'aura à craindre tout au plus que la dent de la brebis ou les mâchoires dévorantes de l'insecte ; mais la nature est si riche dans ses productions, les désirs du naturaliste si faciles à satisfaire ! Une simple fleur est pour lui une découverte heureuse. Conquête paisible, que jamais ne troublera le regret d'avoir donné la mort à un être sensible ! jouissance pure, qui ne tend pas à endurcir le cœur contre les convulsions d'un animal frappé d'un plomb meurtrier !

La boîte du botaniste remplie de fleurs procure à son possesseur une joie bien plus douce que la carnassière ensanglantée du chasseur ; et, quel que soit le plaisir de dévorer les membres d'un animal tombé sous nos coups, je doute qu'il puisse égaler celui que procure l'analyse des plantes recueillies de nos propres mains. L'exercice de la chasse développe les forces, entretient la santé, j'en conviens ; mais ces avantages ne se trouvent-ils pas également dans les herborisations lorsqu'elles nous obligent à parcourir de vastes localités, à gravir contre les rochers, à supporter la fatigue et l'intempérie des saisons ?

Au milieu de ces excursions, que d'idées agréables occupent notre pensée lorsque, franchissant le cercle étroit de notre horizon, loin des habitations humaines, nous allons étudier la nature dans ces lieux solitaires et sauvages que la culture n'a point dénaturés, que l'art n'a point encore embellis ! Comme ils deviennent petits à nos regards ces parcs, ces brillans jardins où le riche promène sa pénible oisiveté ! Qu'ils reçoivent le tribu d'admiration dû au génie industrieux de l'homme ; mais qu'on ne s'attende pas à y trouver ces jouissances du cœur qu'on n'éprouve qu'au milieu des productions de la simple nature, jouissances qui ne sont ni exclusives, ni dépendantes de la volonté des autres hommes.

Dans un de ces beaux jours d'été, à l'époque où la nature étale tout le luxe de la végétation, le botaniste, transporté dès l'aurore au milieu de prés jonchés de fleurs, les poumons rafraîchis par l'air pur du matin, voit commencer pour lui une journée destinée à des plaisirs qui ne peuvent lui échapper ? La santé circule dans ses veines, et ses idées prennent la teinte riante des fleurs qu'il vient étudier. Seul, il n'est point isolé : il est dans le sein de la nature, au milieu de ses parterres ; s'il a des compagnons d'herborisation, la gaîté, la confiance, un aimable abandon marchent à leur suite. Combien d'amitiés durables et précieuses se sont formées dans ces circonstances, surtout parmi ceux qui, sans prétention à cette renommée qui procure des places ou des honneurs, ne peuvent éprouver les jalousies qu'elle excite ! La seule émulation consiste à découvrir, le premier, une plante difficile à trouver, à en déterminer le caractère et le nom.

De semblables excursions procurent au botaniste le moyen le plus sûr d'étudier les plantes telles que la nature les produit, dans le lieu même où elle les a placées : il les y voit dans leur véritable port, avec tous les caractères qui leur sont propres, et de plus avec les circonstances de localité, qui leur donnent un charme inexprimable. Ces courses, que l'on fait à la campagne, dans le pays que l'on habite, surtout lorsqu'on les fait dans des lieux incultes, abandonnés ou peu fréquentés, au milieu de bois montueux, pierreux, traversés de grandes ravines, nous donnent en petit une idée des courses botaniques que l'on peut faire, lorsqu'on voyage, dans des pays plus éloignés : ce ne sont pas les mêmes plantes; mais celles qu'on y observe sont dans des situations à peu près analogues.

Lorsqu'on se dispose à faire une *herborisation*, il est certaines précautions à prendre pour parvenir plus sûrement au but que nous nous proposons en herborisant :

1°. Il est bon de se munir d'un ouvrage très-peu volumineux, soit un *prodrome* général des plantes connues, soit celui des plantes naturelles au pays ou au climat que l'on habite, ouvrage qui doit présenter, en peu de mots, les caractères essentiels des genres et en même temps ceux des espèces, sans synonymie, sans description, à moins que ce ne soit quelque observation très-courte.

2°. Une boîte de fer blanc mince et légère, en demi-cylindre, s'ouvrant dans sa longueur par un couvercle à charnière, dont les dimensions sont depuis huit pouces jusqu'à quinze et plus, sur une profondeur proportionnée. Celles de la première dimension sont destinées pour les simples promenades; les boîtes de la seconde pour les courses plus longues : elles seront munies, à leurs deux extrémités, d'un anneau libre pour y passer un ruban, afin de porter à volonté la boîte en sautoir.

3°. Une loupe à plusieurs lentilles, de différens foyers, pour les observations délicates que l'on trouvera occasion de faire sur les différentes parties de la fructification des plantes.

4°. Un stylet et une petite lame tranchante, aiguë, comme celle d'un canif, pour faire la dissection de fleurs; de petites pinces plates et minces pour saisir et tenir avec plus de facilité les parties que l'on veut examiner.

5°. Il faut se pourvoir d'un bon couteau, ou d'une espèce de houlette ou de bêche étroite, pour enlever les racines qu'il importe d'observer, comme celles des orchis; d'une canne à laquelle on puisse adapter un crochet pour abaisser les branches d'arbre ou pour attirer à soi les plantes aquatiques, et à laquelle on puisse aussi attacher une serpette, pour couper les rameaux en fleurs ou en fruits.

6°. Un crayon et des tablettes, pour transcrire ou noter sur-le-champ des observations qui pourraient échapper à la mémoire.

7°. Ceux qui se livrent en même temps à la recherche des insectes, ce qui n'est pas rare, pourront se munir d'une pelote munie d'épingles de diverse grandeur, et d'une boîte avec un fond de liége pour y piquer les insectes; d'autres emportent encore une sorte de raquette garnie d'une gaze ou d'un filet fin en forme de sac pour attraper les papillons sans les altérer. J'ajouterais volontiers une autre boîte avec du coton pour y renfermer les coquilles fluviatiles ou terrestres, un peu rares et délicates qu'on rencontre chemin faisant.

Comme les mêmes plantes ne croissent pas également partout, le botaniste doit s'attacher à varier le plus possible ses excursions, à ne négliger aucune localité :

1°. Dans les plaines, il visitera les landes, les terres grasses, légères, sablonneuses ou calcaires; les terrains cultivés, les prés, les jardins, les vergers, les potagers, les haies, les fossés, les bois, les forêts, les clairières, leurs bords; les lieux ombragés ou exposés au grand soleil.

2°. Il parcourra les montagnes de différente nature, à diverses élévations, leur sommet, leur pente, selon les différentes expositions; les rochers, les vallons, les ravins, etc.

3°. Il visitera les eaux stagnantes, les marais, les sources, les cataractes, les eaux minérales; il suivra le bord des fleuves, des rivières et des lacs; il observera tant les plantes qui croissent le long des rivages, que celles qui naissent dans le fond des eaux ou à leur surface.

4°. Dans les lieux habités, il fréquentera le bord des chemins, les décombres, les toits, les vieux murs, les puits, les caves, les jardins particuliers, les serres, les pépinières, les couches, les fumiers, les amas de bois pourri, etc.

5°. Dans les contrées maritimes, il suivra les côtes, visitera les grèves, les dunes, les rochers, les grottes formées par l'eau, les îles peu distantes du rivage; il se procurera les plantes marines qui croissent à différentes profondeurs.

6°. Il ne faut pas se borner à visiter une seule fois ces différentes localités; il convient, si l'on habite le pays, de les parcourir au moins deux fois par chaque saison, de noter les plantes qu'on ne trouve qu'en fleurs, afin d'aller un peu plus tard en récolter les fruits; prendre date de l'époque de la floraison et de la maturité des fruits de chacune d'elles.

7°. Le printemps et surtout une grande partie de l'été sont les deux saisons les plus favorables pour recueillir beaucoup de plantes; mais les autres saisons ne sont pas à négliger : beaucoup d'espèces ne fleurissent ou ne fructifient que dans l'automne, même un peu avancée; l'hiver lui-même, avec ses glaçons et ses neiges, n'est pas une saison entièrement morte pour le botaniste. S'il sait profiter des jours de dégel, d'humidité ou de pluie, il trouvera un grand nombre de mousses, de lichens et autres cryptogames qui ne présentent de fructification qu'à cette époque. C'est particulièrement dans les grandes forêts des contrées septentrionales que croissent les espèces de mousses les plus belles et les plus nombreuses : elles se trouvent les unes sur les arbres, sur les rochers, dans les lieux humides et ombragés, le long des ruisseaux, sur le bord des fontaines, etc.; d'autres se plaisent dans les prairies, sur le revers des collines, sur les toits, les vieux murs, parmi les décombres, etc. : les lichens et les jongermannes naissent dans les mêmes lieux, et fleurissent à peu près à la même époque. C'est encore dans les temps humides, après les pluies, au commencement du printemps, ainsi que dans l'automne, que paraissent les champignons.

3°. *Herbier.*

Il n'est point, après les herborisations, d'occupation plus agréable pour le botaniste que celle de la formation d'un herbier : là, viennent se placer méthodiquement les brillantes conquêtes de ses excursions botaniques, et, avec elles, les souvenirs les plus doux : c'est le journal de nos promenades champêtres et des circonstances remarquables qui les ont accompagnées. A la vue de telle plante, se présente aussitôt ce rocher contre lequel il nous a fallu gravir pour en faire l'acquisition, ce lac que nous avons contourné, ces coteaux, ces rians paysages que nous avons parcourus : c'est le tableau d'une heureuse et longue existence. Un herbier formé par les mains de son possesseur est donc une source d'émotions douces et précieuses.

Sous le rapport de la science, un herbier est d'une nécessité indispensable pour se rappeler les plantes qu'on a observées, pour nous offrir le moyen de les étudier dans tous les temps, dans toutes les saisons, de les avoir constamment à notre disposition, de pouvoir rapprocher toutes celles que l'on veut comparer, d'y établir l'ordre général et les distributions particulières que l'on juge convenables. A la campagne, ainsi que dans les jardins, on ne peut voir qu'un certain nombre de plantes à la fois, dans l'état propre à être observées, à cause des diverses époques de leur développement et de leur floraison, tandis qu'un herbier supplée à ce qui nous manque. Malgré le grand avantage d'examiner les plantes sur le vivant, il n'est pas moins certain qu'un herbier offre de très-grandes ressources pour leur étude : en effet, lorsque les fleurs de ces plantes ne sont pas d'une petitesse extrême, on peut, en les soumettant pendant quelque temps à la vapeur de l'eau bouillante, ramollir leurs parties, les ouvrir ensuite, les écarter avec la pointe d'un stylet ou d'une épingle, et y observer leur véritable structure, le nombre, la forme, la position des organes sexuels : il ne faut, pour cela, qu'un peu d'adresse, de l'habitude, du temps et de la patience.

On voit par là combien est grande l'utilité d'un herbier pour celui qui veut étendre ses connaissances dans l'étude des végétaux, et combien est précieuse, pour un botaniste, une collection de plantes sèches, comprenant, d'une part, tout ce qu'on a pu recueillir dans les jardins et à la campagne, de l'autre, tout ce qu'on aura pu se procurer des pays étrangers, soit par les voyages, soit par des correspondances avec les personnes livrées aux mêmes recherches; mais l'avantage le plus évident, dans la formation d'un herbier, consiste à recueillir, préparer et dessécher soi-même, autant qu'il est possible, les plantes qui le composent. Outre le plaisir attaché à cette agréable occupation, et la possession des objets, ce travail forme insensiblement le coup d'œil de celui qui s'y livre, et le met en état de reconnaître au premier aspect les plantes qui s'offrent à sa vue, avantage indépendant de celui qui résulte de la connaissance des caractères : cependant, comme on ne peut pas tout recueillir par soi-même, on sent combien il est utile de pouvoir se procurer, par échange ou par correspondance, les espèces qui manquent pour compléter un genre, ou celles qui constituent des genres particuliers.

Pour qu'un herbier présente ce degré d'utilité que je viens d'exposer, il est essentiel de bien choisir les échantillons que l'on se propose de dessécher; il faut éviter surtout de prendre des individus altérés par certaines circonstances, des morceaux déformés, des monstruosités qui nous tromperaient, si nous déterminions ensuite la forme et la proportion des parties d'après ces individus de mauvais choix. Si, par exemple, l'on prend la pousse vigoureuse d'un jeune arbre, on aura souvent, dans cet exemplaire, des feuilles au moins une fois plus grandes que celles du même arbre, prises sur un individu parvenu à sa grandeur naturelle; si l'on cueille une plante que le hasard peut faire rencontrer dans un lieu sec et montueux, et dont le propre néanmoins soit d'habiter les lieux bas et humides, on aura un individu maigre, languissant, qui s'offrira sous un aspect qui ne lui est pas naturel; la description que l'on pourra faire ensuite d'après cet individu altéré, paraîtra fautive et fort mal faite lorsqu'on la comparera avec les caractères que présentera la même plante prise dans son vrai lieu natal; enfin, dans le même buisson, dans la même touffe, il ne faut pas prendre au hasard le premier échantillon qui se présente sous la main, mais il faut en choisir un ou plusieurs qui aient parfaitement le port et les caractères naturels à la plante; il faut qu'il ne soit ni déformé par des accidens, par une surabondance de sève, ni endommagé par des insectes, ou dévoré en partie par les bestiaux, etc. L'expérience et un peu d'habitude forment en peu de temps le coup d'œil nécessaire pour un choix si important.

Les plantes doivent être, autant qu'il est possible, recueillies pour l'herbier avec toutes leurs parties, fleurs, fruits, feuilles, racines, etc.; quand les plantes sont trop grandes, on les divise en plusieurs portions de la grandeur du papier, qui doit avoir au moins seize pouces de long sur huit de large, ayant soin de numéroter chaque portion que l'on place dans une feuille à part. Lorsque ce moyen ne peut pas avoir lieu, on ne doit pas du moins négliger d'avoir les parties les plus essentielles des plantes, celles qui les caractérisent, telles que les fleurs et les fruits, les feuilles supérieures, inférieures et même les radicales, qui ont assez souvent une forme différente. L'on ne retranchera des échantillons trop volumineux que les rameaux ou les feuilles qui gêneraient trop pour la dessiccation; mais, dans ce cas, il faut qu'on puisse en distinguer la naissance, afin de ne pas détruire le caractère de la foliation et de la ramification. On peut négliger les racines lorsqu'elles ne peuvent entrer dans l'herbier et qu'elles n'offrent rien de particulier; il suffira d'en prendre note, ce qu'on ne doit jamais oublier : quant aux arbres, dont un assez grand nombre fleurissent vers les premiers jours du printemps, avant l'apparition des feuilles, et ne donnent leurs fruits qu'en automne, il faut être attentif à recueillir leurs différentes parties dans les saisons où elles naissent, et les réunir dans l'herbier.

Il est très-avantageux de ne recueillir les plantes que lorsque le temps est bien sec, et que le soleil en a pompé toute l'humidité : les plantes mouillées se dessèchent mal, noircissent ou pourrissent, si l'on ne prend, pour leur dessiccation, des précautions particulières; mais comme il se trouve des circonstances où l'on n'est pas le maître de choisir le temps, et qu'il faut profiter des momens où l'on est à portée de recueillir certaines plantes que l'on n'a pas toujours à sa disposition, il est bon de savoir qu'avec quelques soins de plus on réussit aussi bien à dessécher des plantes, cueillies même pendant la pluie, que celles que l'on ramasse dans les temps secs. Il suffit, dans ce cas, de multiplier les pressions, mettant moins d'intervalle entre chacune d'elles, surtout pour les premières, ayant soin surtout de ne point mettre les plantes en presse, avant d'avoir enlevé leur humidité ou leur eau extérieure, en les plaçant, plusieurs fois de suite, entre des linges ou entre des papiers secs et sans colle, que l'on comprime seulement avec la main et que l'on change sur-le-champ.

Les plantes aquatiques et marines qu'on ne peut recueillir qu'au milieu de l'eau, exigent une préparation particulière : il faut, après les avoir tirées de l'eau, les laver avec soin pour enlever le limon dont elles sont souvent couvertes; on laissera les plantes marines quelques heures dans l'eau douce, que l'on changera plusieurs fois, afin de faire dissoudre le sel marin dont elles sont imprégnées : sans cette précaution, la plante, quoique desséchée en apparence, attirerait peu après l'humidité de l'air, se pourrirait et gâterait les autres. Il faut, avant de les mettre en presse, les tenir, pendant quelque temps, dans des linges bien secs, et ne leur faire éprouver qu'une médiocre pression. Celles qui sont molles, divisées en filamens capillaires, comme la plupart des conferves, des ceramium, etc., exigent une préparation particulière. Il faudrait des peines infinies pour les disposer convenablement sur le papier : on y parvient bien plus facilement en mettant dans un vase plein d'eau, à large surface, les individus qu'on veut conserver; ils se développent et s'y étalent dans leur position naturelle : alors on glisse dans le fond du vase la feuille de papier destinée à les recevoir; on la soulève peu à peu jusqu'à ce qu'on soit parvenu à la surface de l'eau; la plante s'applique sur le papier, s'y étend dans l'ordre de ses ramifications et y reste collée. S'il survient quelque léger désordre, on y remédie en rangeant les rameaux avec la pointe d'un stylet; on laisse sécher le papier à l'air, et, lorsqu'il est à peu près sec, on lui fait subir, entre plusieurs feuilles de papier, une légère pression, pour éviter qu'il ne se chiffonne. C'est de cette manière que l'on compose ces jolis tableaux de plantes marines les plus délicates.

Pour bien dessécher les plantes, il faut se pourvoir d'une provision de papier gris peu collé : on forme d'abord un lit de trois ou quatre feuilles de papier bien sec; on y étend une plante avec soin, et, le plus qu'il est possible, dans son port naturel, en développant toutes ses parties de manière qu'elles ne se recouvrent pas les unes les autres. Pour cela, il faut ou élaguer quelques rameaux, ou glisser, entre les parties qui se touchent, un morceau de papier; précaution nécessaire, particulièrement pour les pétales et les organes sexuels : on peut fendre dans leur longueur les tiges trop épaisses ou trop dures; il faut même le faire sur quelque portion séparée, afin qu'on puisse reconnaître le canal médullaire et la disposition de la moelle. Le calice de certaines composées à grosses fleurs doit être soumis à la même opération, mais de manière qu'il y reste assez de fleurons et de semences; on aplatit avec précaution et à mesure qu'elles se fanent les tiges des plantes herbacées; en général, il faut éviter les épaisseurs et les bosses, qui empêcheraient la compression d'agir sur toutes les parties de la plante. On ne doit pas négliger de joindre aux échantillons d'arbres ou d'arbrisseaux des fragmens d'écorce enlevés sur le tronc, les branches et les jeunes rameaux, avec des numéros qui indiquent à quelle partie de l'arbre ils appartiennent; il faut encore avoir soin de dessécher séparément les différentes parties des fleurs, le calice, la corolle ouverte et fendue, quand elle est monopétale; les organes sexuels, etc.

On soumet momentanément, avec des lames de plomb ou des pièces de monnaie, les parties rebelles des plantes, tandis que l'on arrange les autres : il ne faut retirer les plombs qu'après avoir recouvert la plante d'une nouvelle feuille de papier, que l'on maintient d'une main, tandis que, de l'autre, on enlève les plombs. On forme un second lit de papier semblable au premier, pour y placer une nouvelle plante jusqu'à ce qu'on en ait arrangé ainsi douze à quinze; on recouvre cette pile d'une planche de la grandeur du papier, et l'on forme pardessus une pile semblable à la première, et ainsi de suite jusqu'à ce que l'on ait placé toute sa récolte. Les planches empêchent la communication de l'humidité d'une pile à l'autre, et rendent la pression plus égale; on charge le tout de quelque corps pesant, ou l'on se sert d'une presse, dont on ménage la force à volonté.

Le succès de cette opération consiste dans une prompte dessiccation. Pour l'obtenir, il faut changer souvent les plantes de papier jusqu'à ce qu'elles soient parfaitement sèches : on ne les laissera pas plus de douze à quinze heures les premières fois, vingt-quatre et plus à mesure que l'on approchera de la dessiccation. Comme il est des plantes plus ou moins sèches ou charnues, je conseille de composer chaque paquet de plantes à peu près de même consistance, telles que les graminées, les fougères, qui se dessèchent très-rapidement, surtout lorsqu'elles sont seules; si on les mêle avec d'autres plus grasses, elles participent à leur humidité.

Pour changer les plantes de papier, il faut quelques précautions : il en est beaucoup qui se fripent dès qu'on y touche, ou qui se collent au papier à un tel point, qu'il est presque impossible de les déplacer sans les gâter. Le moyen de parer à cet inconvénient, c'est d'enlever avec précaution la feuille qui les recouvre, en commençant par le bas, et en retenant avec la lame d'un couteau les parties de la plante qui viennent avec la feuille supérieure : cela fait, on recouvre d'un papier sec la plante restée sur son premier papier, que l'on retourne en plaçant la nouvelle feuille en dessous; on passe la main dessus en appuyant légèrement, et ensuite, avec les mêmes précautions, on enlève la feuille mouillée. Par ce moyen, la plante se trouve sur un nouveau papier sans avoir été dérangée.

La première pression doit être faible : il ne s'agit que de soumettre les plantes; trop forte, elle ferait extravaser les sucs, écraserait la plante et la noircirait. Les suivantes seront graduellement plus fortes; on les diminuera à mesure que l'on remarquera que la plante avance vers son dessèchement : on peut, avant de les mettre en presse, laisser un peu faner les plantes dont les feuilles sont roides et dures, comme celles des chardons, etc. Elles se soumettent avec plus de facilité; d'autres, au contraire, qui mollissent et se fanent très-rapidement, exigeraient d'être disposées presque aussitôt qu'elles sont cueillies, telles que les nicotianes, les arroches, etc.

Après avoir changé les plantes de papier, il est bon de les laisser exposées pendant quelques heures à la libre circulation de l'air avant de les comprimer de nouveau. Les mousses, les graminées, les feuilles de beaucoup d'arbres se dessèchent assez promptement; mais les plantes grasses exigent plus de soins. Il est des personnes qui, pour en accélérer la dessiccation, passent à différentes reprises un fer chaud sur les papiers qui les recouvrent; d'autres les mettent une heure ou deux dans un four dont la chaleur puisse être supportée par la main; mais ces moyens rendent souvent les plantes cassantes. M. de Lamarck emploie un autre moyen, c'est celui de piquer avec un stylet ou une aiguille les parties tendres et succulentes de ces végétaux : leur suc propre s'évapore promptement par ces piqûres; mais, pour ne point commettre d'erreur, il faut tenir note, dans l'herbier, de l'origine des points dont les parties piquées des plantes restent chargées. Il y a telles de ces plantes grasses qui, quoiqu'en presse, se conservent vivantes, continuent à végéter, fleurissent malgré les pressions qu'on leur donne. On évite cet inconvénient en les plongeant pendant quelques momens dans de l'eau bouillante, avant de procéder à leur dessiccation : on les tue par le procédé indiqué par M. de Clairville dans le *Botaniste sans maître*.

Une plante bien desséchée doit avoir de la souplesse dans toutes ses parties, et conserver la couleur de ses feuilles et de ses pétales; mais ces derniers, quand ils sont aqueux, de couleur rouge, violette ou bleue, s'altèrent très-souvent, quelque soin que l'on prenne pour leur dessiccation. Quelques-uns cependant emploient le moyen suivant : après avoir disposé la plante dans le papier de la manière que je viens d'indiquer, ils recouvrent la pile de quelques autres feuilles de papier, sur lesquelles ils étendent du sablon fin de l'épaisseur d'un pouce : ils l'exposent ainsi, pendant plusieurs jours, à la chaleur du soleil; l'humidité s'échappe à travers les interstices que laissent les grains de sable; la dessiccation étant plus prompte, les couleurs se conservent mieux.

Dans les longues excursions et les voyages, il n'est pas toujours possible de prendre, pour dessécher les plantes, toutes les précautions exposées jusqu'ici : il faut alors se conformer aux circonstances, être moins sévère pour l'arrangement des individus, et suppléer, le mieux possible, aux commodités qui nous manquent. Dans mes voyages, quand mes courses devaient durer plusieurs jours, j'avais coutume d'emporter, outre la boîte de fer blanc, un carton rempli de papier gris; j'y plaçais, à mesure que je les cueillais, les plantes les plus difficiles à conserver : le soir je vidais ma boîte; je distribuais mes papiers en plusieurs paquets fisselés fortement entre deux cartons; je les plaçais la nuit entre mes matelas; le jour, si j'étais dans une voiture, je les glissais sous les coussins des siéges. La chaleur du corps humain dessèche les plantes avec une promptitude étonnante, surtout si l'on a la facilité de les changer de papier : si on ne le peut pas, il faut alors rendre les paquets moins épais.

Quand les plantes sont parfaitement sèches, on les met dans un fort papier, une seule en liberté dans chaque feuille, ou retenues seulement par quelques épingles, mais sans les coller. On ne fixera que les mousses, les jongermannes, quelques lichens, etc., avec un peu de gomme adragante dissoute dans l'eau, en ajoutant de petites touffes libres pour conserver le port de ces plantes : il ne faut pas se hâter de ranger trop tôt les plantes dans l'herbier; il vaut mieux les tenir à part encore quelque temps, en chargeant les paquets d'un poids léger pour empêcher les crispations. Quelque bien desséchées que les plantes paraissent être, il est rare qu'il ne reste point encore un peu d'humidité dans les tiges et autres parties épaisses. A mesure que les plantes entrent dans l'herbier, il faut répandre dans les paquets du camphre pulvérisé, du poivre ou quelque autre aromate propre à en éloigner les insectes, au moins pendant quelque temps. Ces insectes destructeurs font la désolation du botaniste : on ne s'en débarrasse qu'en visitant l'herbier très-souvent; mais cette opération ne peut être répétée fréquemment quand les collections sont considérables : le meilleur moyen alors est de passer légèrement sur chaque plante avec un pinceau une dissolution de sublimé corrosif dans de l'esprit-de-vin. L'herbier doit être placé dans un lieu sec et à l'ombre autant qu'il est possible : il en est qui le renferment dans des boîtes, d'autres le tiennent à l'air, disposé par ordre sur des tablettes, en paquets d'une médiocre épaisseur. Ce dernier moyen est plus facile pour les recherches, l'autre plus favorable pour la conservation des plantes. Chaque plante doit être accompagnée d'une étiquette, fixée avec une épingle, portant le nom générique et spécifique de la plante, son lieu natal, le jardin d'où elle vient, si c'est une plante cultivée; le nom de la personne qui nous l'a donnée, surtout si elle nous vient d'un auteur, et si cette plante est mentionnée dans ses ouvrages. Ces sortes d'échantillons sont très-précieux. Il faut ajouter un numéro à celles qui ont été recueillies par nous : ce numéro renvoie à un journal, dans lequel seront mentionnées nos observations particulières.

L'étude des fruits est si importante pour la connaissance parfaite des végétaux, qu'il est presque impossible, sans elle, de pouvoir déterminer les caractères les plus essentiels d'un grand nombre de genres : on y supplée, il est vrai, par l'examen de l'ovaire, mais presque toujours d'une manière très-imparfaite; d'un autre côté, il est impossible de pouvoir renfermer dans un herbier les fruits d'un grand nombre de plantes. Il faut donc en faire une collection particulière, collection trop négligée, et cependant non moins précieuse que celle de l'herbier : elle doit être rangée dans le même ordre, et tenue dans des cases, boîtes ou bocaux séparés, selon la nature et la grosseur des fruits, avec une étiquette extérieure portant le nom du fruit que renferme chaque boîte. La plupart de ces fruits n'exigent guère d'autre soin que d'être recueillis à l'époque de leur maturité; mais il en est d'une conservation très-difficile, tels que les baies, les drupes, les fruits pulpeux, charnus, aqueux, etc. Il faut les faire dessécher le plus possible, en les exposant au soleil, à la chaleur modérée d'un four, dans du sable bien sec, etc. : leur forme extérieure disparaîtra, mais du moins leurs semences seront conservées, ainsi que le nombre et la disposition des loges. Quand on voudra les étudier, il suffira de les mettre, pendant quelque temps, tremper dans de l'eau tiède.

Comme les jardins de botanique et autres ne s'enrichissent que par les graines recueillies dans différentes contrées, je terminerai ce chapitre par quelques observations sur la récolte, la conservation et l'envoi de ces graines. Le moment de les récolter est lorsqu'elles sont bien mûres, ce qui se reconnaît facilement toutes les fois que les fruits se détachent sans effort de leurs pédoncules, ou ceux-ci de la branche à laquelle ils sont attachés; on peut encore les couper transversalement pour s'assurer si l'amande est solide et le germe bien formé : alors on se munira d'un certain nombre de cornets de papier tout disposés pour les remplir chacun de graines particulières, surtout de celles qui s'échappent facilement de leurs loges; il faut lier avec un fil les capsules ou siliques qui contiennent des semences fort menues et qui se détachent facilement.

Il est bon de conserver les graines dans leurs capsules, gousses, siliques, cônes, etc., et même dans leurs fruits lorsque leur pulpe est de nature à pouvoir se dessécher; cependant, s'il en résultait un volume trop considérable, il n'y aura pas un grand inconvénient à détacher une partie des graines de leur péricarpe. On étendra et on laissera sécher à l'ombre, pendant quelque temps, les semences ou les fruits récemment récoltés, pour faire dissiper l'humidité surabondante qu'ils contiennent, sans quoi, réunis en masse, ils fermenteraient, et le germe périrait.

Les semences dures, osseuses, coriaces et huileuses, comme celles des lauriers, des myrtes, des palmiers, des châtaigniers, des chênes et autres qui perdent leur propriété germinative en moins de six semaines, si elles ne peuvent être semées ou parvenir avant ce temps à leur destination, seront mises, lits par lits, dans des caisses remplies de mousse et d'un peu de terre dont on entretiendra l'humidité : ces caisses auront un couvercle qui s'ouvrira à volonté; elles seront exposées, autant qu'il sera possible, à l'air libre, dans les temps doux. Les autres graines seront renfermées dans des sacs de fort papier, et envoyées à leur destination le plus tôt possible, ou conservées avec soin dans des lieux secs pour être employées dans le temps convenable.

CHAPITRE NEUVIÈME.

Méthode de Tournefort.

Aucune méthode ne s'est présentée sous une apparence plus séduisante que celle de Tournefort, surtout à l'époque où elle parut. Prendre les différentes formes de la corolle pour la formation des classes, c'était fixer l'attention sur la partie des plantes la plus propre à exciter notre admiration, ainsi que la plus agréable pour l'observation. Aussi cette ingénieuse distribution fut-elle reçue avec un enthousiasme qui a duré presque jusqu'à nos jours, et que nous n'avons abandonnée qu'à regret, à raison de son insuffisance pour la classification d'un très-grand nombre de plantes inconnues du temps de Tournefort. Malgré cela, ce célèbre auteur n'a rien perdu d'une réputation si justement méritée : on ne peut oublier qu'il a, le premier, établi, parmi les végétaux, un ordre qui n'existait pas avant lui; que, le premier, il a fait sentir la nécessité de fixer les limites des genres, de les composer d'espèces mieux déterminées, et, en même temps, d'exposer les principes de la science tels à peu près qu'ils existent encore aujourd'hui; principes développés dans son *Isagoge rei herbariæ*, monument immortel de son génie créateur et de sa profonde érudition.

Pour arriver à la formation de ses classes, Tournefort divise d'abord les plantes en *herbes* et en *arbres :* il réunit aux *herbes* les *sous-arbrisseaux*, plantes ligneuses très-basses et sans boutons; les *arbrisseaux* aux *arbres.*

Reprenant chacune de ces divisions, il distingue les fleurs en *pétalées* ou pourvues d'une corolle; en *apétalées*, privées d'une corolle. Les fleurs *pétalées* sont *simples* lorsqu'il n'y a qu'une seule fleur dans chaque calice; elles sont *composées* lorsqu'il existe plusieurs fleurs dans un calice commun. Les fleurs *simples* sont *monopétalées*, pourvues d'une corolle d'une seule pièce; *polypétalées* quand la corolle est composée de plusieurs pièces ou pétales.

La corolle *monopétale* est *régulière* ou *irrégulière :* la première conduit aux deux premières classes, les CAMPANI-

FORMES, les INFUNDIBULIFORMES; la seconde conduit à la troisième et à la quatrième classe, les PERSONNÉES, les LABIÉES.

La corolle *polypétale* est aussi *régulière* ou *irrégulière :* la première renferme cinq classes, les CRUCIFORMES, les ROSACÉES, les OMBELLIFÈRES, les CARYOPHYLLÉES, les LILIACÉES : la seconde renferme deux classes, les PAPILIONACÉES, les ANOMALES.

Les fleurs *composées* forment, sans aucune sous-division, les FLOSCULEUSES, les SEMI-FLOSCULEUSES, les RADIÉES [1].

Les *apétales*, ou les fleurs dépourvues de corolle, constituent les PLANTES A ÉTAMINES, SANS FLEURS, SANS FLEURS NI FRUITS.

Les arbres ou arbrisseaux se divisent en *apétalés* ou *pétalés :* les premiers produisent les APÉTALES PROPREMENT DITS, les AMENTACÉS; les seconds sont MONOPÉTALES ou POLYPÉTALES. Les *monopétales* n'ont aucune sous-division; les *polypétales* sont *réguliers* ou *irréguliers :* les premiers forment la classe des ROSACÉES, les seconds celle des PAPILIONACÉES, d'où résulte la table ci-jointe.

Les sous-divisions ou sections de chacune de ces classes sont établies sur les modifications de la forme de la corolle, sur la nature, le volume, la structure des fruits, et leur situation relativement au calice; sur la composition et la disposition des feuilles, comme on le verra à l'explication de chaque classe.

[1] Tournefort a réuni aux fleurs composées les *scabieuses*, les *dipsacées*, les *globulaires* dont les fleurs sont *agrégées* et non *composées proprement dites*, n'ayant pas leurs anthères réunies, étant d'ailleurs pourvues d'un calice propre, quelquefois double.

TABLEAU DE LA MÉTHODE DE TOURNEFORT.

					CLASSES.
HERBES OU SOUS-ARBRISSEAUX A FLEURS	Pétalées...	Simples....	Monopétales....	Régulières....	1. CAMPANIFORMES.
					2. INFUNDIBULIFORMES.
				Irrégulières...	3. PERSONNÉES.
					4. LABIÉES.
			Polypétales.....	Régulières....	5. CRUCIFORMES.
					6. ROSACÉES.
					7. OMBELLIFÈRES.
					8. CARYOPHYLLÉES.
					9. LILIACÉES.
				Irrégulières...	10. PAPILIONACÉES.
					11. ANOMALES.
		Composées...........................			12. FLOSCULEUSES.
					13. SEMI-FLOSCULEUSES.
					14. RADIÉES.
	Apétalées................................				15. A ÉTAMINES.
					16. SANS FLEURS.
					17. SANS FLEURS NI FRUITS.
ARBRES ET ARBRISSEAUX A FLEURS	Apétalées................................				18. APÉTALES.
					19. AMENTACÉES.
	Pétalées...............	Monopétales...............			20. MONOPÉTALES.
		Polypétales....	Régulières....		21. ROSACÉES.
			Irrégulières...		22. PAPILIONACÉES.

CLASSE I. *Les campaniformes.*

Les *campaniformes proprement dites* sont pourvues d'une corolle qui présente la forme d'une cloche, comme la *campanule* (pl. 37, 1, fig. 3) : on distingue encore les *campaniformes tubulées* dont la corolle est resserrée en tube à sa base, comme dans l'*ipomæa purpurea* (pl. 37, 1, fig. 1); les *campaniformes ouvertes* dont la corolle est très-évasée, presque en bassin, comme celle des *mauves;* enfin les *campaniformes globuleuses* ou en *grelot*, resserrée à son ouverture, comme celle de l'*arbousier* (*arbutus unedo*, pl. 37, 1, fig. 2).

Cette classe est divisée en neuf sections établies sur le fruit.

Dans la Ire, le pistil devient un fruit mou et assez gros : la *belladone.*

II. Le pistil devient un fruit mou et assez petit : le *muguet.*

III. Le pistil se convertit en une ou plusieurs capsules : le *liseron*, l'*euphorbe.*

IV. Le pistil ne produit qu'une seule semence : la *rhubarbe.*

V. Le pistil se convertit en forme de gaîne ou en follicules : l'*asclepias.*

VI. Le pistil devient un fruit à plusieurs capsules : la *mauve.*

VII. Le calice devient un fruit charnu : la *bryone.*

VIII. Le calice devient un fruit sec : la *campanule.*

IX. Le calice devient un fruit composé de deux pièces : le *caillelait* [1].

CLASSE II. *Les infundibuliformes.*

Les *infundibuliformes proprement dites* ont une corolle resserrée en un tube plus ou moins allongé à leur partie in-

[1] Pour comprendre les expressions de Tournefort, que j'ai cru devoir conserver, il est essentiel de remarquer que, lorsque le calice est inférieur et par conséquent l'ovaire supérieur et libre, Tournefort dit : *Que le pistil devient le fruit;* que, lorsque le calice est adhérent ou supérieur et l'ovaire inférieur, dans ce cas, le *calice devient le fruit.*

férieure, puis évasée en cône renversé, à peu près comme celle d'un entonnoir, telle que le *tabac* (pl. 37, 2, fig. 2) : on distingue encore la corolle *hypocratériforme*, évasée par le haut en coupe aplatie : le *phlox* (pl. 37, 2, fig. 1); la corolle en roue, dont le tube est très-court, et les divisions du limbe étalées et presque semblables aux rayons d'une roue : la *bourrache* (pl. 37, 2, fig. 3).

Cette classe se divise en huit sections, d'après le fruit, en y faisant concourir les modifications de la corolle.

Dans la Ire, la corolle est infundibuliforme et le pistil devient le fruit : la *jusquiame*.

II. La corolle est hypocratériforme et le pistil devient le fruit : la *primevère*.

III. La corolle est infundibuliforme; le calice se convertit en fruit : la *belle de nuit* (*mirabilis*).

IV. La corolle est en roue ou en entonnoir; le fruit est composé de quatre semences ou osselets renfermés dans le calice : la *bourrache*.

V. La corolle est infundibuliforme; le pistil produit une seule semence : la *dentelaire*.

VI. La corolle est en roue ou en entonnoir; le pistil devient un fruit dur et sec : le *bouillon-blanc* (*verbascum*).

VII. La corolle est en roue; le pistil devient un fruit mou : la *pomme de terre* (*solanum*).

VIII. La corolle est en roue; le calice devient le fruit : la *pimprenelle*.

CLASSE III. *Les personnées.*

Les *personnées* ont une corolle monopétale très-irrégulière, dont le limbe se divise en deux lèvres irrégulières, en masque, en mufle, comme le *muflier* (*antirrhinum majus*, pl. 34, 3, fig. 1, 2); en cornet, en oreille, en capuchon, etc. Le fruit des personnées est assez généralement une capsule, et non quatre semences au fond du calice; caractère qui appartient aux *labiées proprement dites*. Voyez la classe suivante.

Cette classe est partagée en cinq sections établies particulièrement d'après les modifications de la corolle.

Dans la Ire, la corolle est en forme de capuchon, de cornet ou d'oreille : l'*arum*.

II. La corolle est prolongée en une languette : l'*aristoloche*.

III. La corolle est en tuyau ouvert aux deux bouts : la *digitale*.

IV. La corolle est personnée, imitant un mufle à deux mâchoires : le *muflier* (*antirrhinum majus*, pl. 37, 3, fig. 1, 2).

V. La corolle est terminée dans le bas par un anneau : l'*acanthe*.

CLASSE IV. *Les labiées.*

Les *labiées* ont une corolle tubulée à sa partie inférieure, divisée à son limbe en deux parties, quelquefois en une seule en forme de lèvres. Le fruit est composé de quatre semences nues au fond du calice. Cette classe est très-naturelle : elle forme, dans presque toutes les méthodes, une classe ou une famille parfaitement distincte.

Cette classe se divise en quatre sections dont les principaux caractères sont tirés de la forme des lèvres de la corolle.

I. La lèvre supérieure de la corolle en casque ou courbée en faucille : la *sauge* (*salvia pratensis*, pl. 37, 4, fig. 1, 2, 3).

II. La lèvre supérieure de la corolle creusée en cuiller : le *lamium*.

III. La lèvre supérieure de la corolle droite ou relevée : le *marrube*.

IV. Le limbe de la corolle à une seule lèvre : la *germandrée*.

CLASSE V. *Les cruciformes.*

Les *cruciformes* ont une corolle composée de quatre pétales disposés en croix.

Cette classe est divisée en neuf sections établies d'après les caractères du fruit : elle est très-naturelle; mais il faut ici en retrancher la sixième, huitième et neuvième sections.

I. Le pistil devient un fruit court, unicapsulaire, à une seule loge : la *caméline* (*myagrum*).

II. Le pistil devient un fruit court, à deux loges naviculaires, séparées par une cloison longitudinale : le *passerage* (*lepidium iberis*, pl. 37, 5, fig. 3).

III. Le pistil devient un fruit court, divisé en deux loges par une cloison parallèle aux valves : la *lunaire*.

IV. Le pistil se convertit en une silique allongée, divisée en deux loges par une cloison mitoyenne : la *giroflée* (*cheiranthus cheiri*, pl. 37, 5, fig. 1, 2).

V. Le pistil devient une silique allongée, articulée : le *radis*.

VI. Le pistil se convertit en un fruit unicapsulaire : la *chélidoine*.

VII. Le pistil produit un fruit capsulaire, à trois ou quatre loges : le *bunias* ou masse au bedeau.

VIII. Plusieurs semences réunies en tête : le *potamogeton*.

IX. Un fruit mou : l'*herbe à Paris* (*Paris quadrifolia*).

CLASSE VI. *Les rosacées.*

Les *rosacées* sont composées ordinairement de cinq pétales réguliers, disposés en rond ; quelquefois elles en ont un plus grand nombre, quelquefois moins de cinq.

Cette classe est très-étendue : elle se divise en neuf sections caractérisées d'après la considération du fruit ; elle renferme la famille des *rosacées proprement dites*, et un grand nombre d'autres plantes qui n'appartiennent pas à cette famille naturelle.

I. Le pistil devient un fruit unicapsulaire, s'ouvrant transversalement en deux parties : le *pourpier*.

II. Le pistil devient un fruit à une seule capsule : le *pavot*.

III. Le pistil produit un fruit à deux capsules ou à deux loges : la *saxifrage*.

IV. Le pistil devient un fruit à plusieurs capsules : le *millepertuis*.

V. Le pistil se convertit en un fruit qui renferme plusieurs semences dans son épaisseur : le *nénuphar*.

VI. Le pistil devient un fruit composé de plusieurs capsules : la *joubarbe*.

VII. Le pistil se convertit en un fruit composé de plusieurs semences réunies en tête : le *fraisier* (pl. 37, 6, fig. 1).

VIII. Le calice ou le pistil deviennent un fruit mou : l'*asperge*.

IX. Le calice se convertit en un fruit sec : l'*aigremoine*.

CLASSE VII. *Les ombellifères*.

Les *ombellifères* sont des rosacées, mais distinguées par la disposition de leurs fleurs solitaires à l'extrémité de chaque pédoncule. Les pédoncules partent tous du même point d'insertion, soit sur la tige, soit sur un pédoncule commun, et aboutissent presque tous à la même hauteur, ressemblant assez bien aux branches d'un parasol tendu.

Cette classe, une des plus naturelles, est divisée en neuf sections, toutes caractérisées d'après les fruits, excepté la neuvième.

I. Le calice devient un fruit composé de deux petites semences striées ou cannelées : la *ciguë* (*conium maculatum*, pl. 37, 7, fig. 1, 2).

II. Le calice se change en deux petites semences oblongues, un peu épaisses : le *fenouil*.

III. Le calice devient un fruit arrondi, un peu épais, composé de deux semences : la *coriandre*.

IV. Le calice produit deux semences assez grandes, plates, ovales : l'*impératoire*.

V. Le calice devient un fruit composé de deux semences amples, planes et ovales : la *berce* (*heracleum sphondylium*, pl. 37, 7, fig. 3).

VI. Le calice se convertit en deux semences assez grandes, profondément cannelées : la *livêche*.

VII. Le calice se change en deux semences revêtues d'une enveloppe spongieuse : l'*armarinthe* (*cachrys*).

VIII. Le calice se change en deux semences prolongées en bec : le *peigne de Vénus* (*scandix*).

IX. Les fleurs ramassées en tête sur un réceptacle commun : la *sanicle*.

CLASSE VIII. *Les caryophyllées*.

Les *caryophyllées*, pourvues ordinairement de cinq pétales, comme les rosacées, en diffèrent par l'onglet étroit, très-allongé de ces mêmes pétales, renfermé de plus dans un tube qui forme le calice.

Cette classe n'a que deux sections peu distinctes, tirées

de la nature du fruit. Les plantes renfermées dans la première appartiennent à la famille naturelle des caryophyllées.

I. Le pistil devient le fruit : l'*œillet* (pl. 37, 8, fig. 1, 2).

II. Le pistil se convertit en une semence renfermée dans le calice : le *statice*.

CLASSE IX. *Les liliacées.*

Les *liliacées* ont une corolle composée de six pétales, comme celle du lis, rarement trois, ou quelquefois une corolle monopétale partagée en six. Le fruit est une capsule à trois loges.

Cette classe est partagée en cinq sections établies sur les modifications de la fleur et du fruit.

I. Une corolle monopétale, divisée en six parties. Le pistil devient le fruit : le *colchique*.

II. Une corolle monopétale, divisée en six parties. Le calice devient le fruit : le *safran*.

III. Corolle composée de trois pétales : la *comméline*.

IV. Corolle à six pétales. Le pistil se convertit en fruit : le *lis* (pl. 37, 9, fig. 1).

V. Corolle à six pétales. Le calice se convertit en fruit : le *perce-neige* (*galanthus*).

CLASSE X. *Les papilionacées.*

Les *papilionacées* ont une corolle à cinq pétales irréguliers, qui ont été définis ailleurs (vol. 1, pag. 171); savoir, l'étendard, les deux ailes et la carène de deux, quelquefois d'une seule pièce. Le pistil est entouré par la gaîne des étamines, et se convertit en une gousse ou légume.

Cette classe se divise en cinq sections tirées du fruit ou du nombre des folioles qui composent les feuilles.

I. Le pistil devient une gousse courte, unicapsulaire : le *sainfoin*.

II. Le pistil devient une gousse allongée, unicapsulaire : la *gesse* (pl. 37, 10, fig. 2).

III. Le pistil se convertit en une gousse articulée : la *coronille*.

IV. Les feuilles composées de trois folioles : le *trèfle*.

V. Une gousse divisée en deux loges dans sa longueur : l'*astragale*.

CLASSE XI. *Les anomales.*

Les *anomales* ont une corolle composée de plusieurs pétales dissemblables : ils forment, par leur réunion, des formes variées, auxquelles on ne peut attacher de noms particuliers.

Cette classe se divise en trois sections caractérisées d'après la forme des fruits.

I. Le pistil se convertit en un fruit unicapsulaire : la *balsamine*.

II. Le pistil devient un fruit à plusieurs capsules : l'*aconit* (pl. 37, 11, fig. 1, 2, 3).

III. Le calice devient le fruit : les *orchis*.

CLASSE XII. *Les flosculeuses.*

Les *flosculeuses* sont composées uniquement de *fleurons* plus ou moins nombreux, réunis dans un calice commun (voyez vol. 1, pag. 171). Dans cette classe et les deux suivantes, il y a cinq étamines dans chaque fleur ; les anthères sont réunies en un cylindre au travers duquel s'élève le style ordinairement terminé par deux stigmates.

Cette classe est divisée en cinq sections dont les caractères sont tirés tantôt des fleurs seules, tantôt des fleurs et du fruit.

I. Fleurons stériles : le *micropus*.

II. Semences couronnées par une aigrette : la *centaurée* (pl. 37, 12, fig. 1, 2).

III. Semences sans aigrette : le *carthame*.

IV. Fleurons à découpures égales, réunis en boule, munis chacun d'un calice propre : l'*echinops*.

V. Fleurons à découpures inégales, munis chacun d'un calice propre : la *scabieuse*.

CLASSE XIII. *Les semi-flosculeuses.*

Les *semi-flosculeuses* sont uniquement composées de demi-fleurons réunis dans un calice commun (voyez vol. 1, pag. 171).

Cette classe est partagée en deux sections établies sur la présence ou l'absence d'une aigrette qui couronne la semence.

I. Semences couronnées par une aigrette : le *pissenlit* (pl. 38, 13, fig. 1, 2).

II. Semences privées d'aigrette : la *chicorée*.

CLASSE XIV. *Les radiées.*

Les *radiées* sont composées de fleurons dans le centre et de demi-fleurons à la circonférence d'un réceptacle commun, environnées d'un calice commun.

Cette classe est divisée en cinq sections dont les caractères sont établis sur les semences et les appendices qui les accompagnent.

I. Semences aigrettées : le *séneçon*.

II. Semences surmontées d'un chapiteau : le *soleil* (*helianthus*).

III. Semences nues à leur sommet : la *paquerette* (*bellis perennis*, pl. 38, 14, fig. 1, 2, 3).

IV. Semences renfermées dans des capsules : le *souci*.

V. Disque composé d'écailles planes, en forme de pétales : l'*immortelle* (*xeranthemum*).

CLASSE XV. *Les apétales : fleurs à étamines.*

Les *fleurs à étamines* n'ont point de corolle; elles ont un calice qui renferme les organes sexuels. Le pistil se convertit en fruit.

Cette classe se partage en six sections dont les caractères sont appuyés sur la nature des fruits ou sur leurs rapports avec le calice. Dans cette classe, se trouvent les graminées et les cypéracées.

I. La portion inférieure du calice se convertit en fruit : la *bette*.

II. Le pistil devient une semence enveloppée par le calice : l'*oseille*.

III. Les graminées et les céréales : l'*avoine* (pl. 38, 15, fig. 1).

IV. Fleurs réunies en têtes écailleuses : le *souchet*.

V. Fleurs à étamines séparées des fruits sur le même pied : le *maïs*.

VI. Fleurs à étamines séparées des fruits sur des pieds différens : le *chanvre*.

CLASSE XVI. *Les apétales sans fleurs.*

Les *apétales sans fleurs* ne portent que des semences : elles n'ont ni calice, ni corolle, ni pistil.

Cette classe comprend une partie de ces plantes que Linné a nommées *cryptogames :* elle se divise en deux sections qui forment deux familles naturelles.

I. Semences placées sur le dos des feuilles : les *fougères* (*adianthum trapeziforme*, pl. 38, 16, fig. 1).

II. Semences disposées en épi ou dans des capsules : l'*osmonde*, les *lichens*.

CLASSE XVII. *Les apétales sans fleurs ni fruits.*

Les plantes qui composent cette classe n'ont, la plupart, qu'une fructification à peine connue : elle se divise en deux sections qui renferment, dans la Ire, les plantes terrestres, telles que les *mousses* (dont cependant la fructification est plus visible que celle des lichens), les *champignons* (*agaricus annularis*, pl. 38, 18, fig. 1).

II. Les plantes marines, telles que les *varecs* (*fucus*).

CLASSE XVIII. *Les arbres apétales proprement dits.*

Dans cette classe, les fleurs sont dépourvues de corolle, comme dans la classe suivante, mais elles ne sont pas disposées en chaton. Elle se divise en trois sections établies sur les fleurs hermaphrodites ou unisexuelles.

I. Fleurs hermaphrodites, toutes portant des fruits : le *frêne*.

II. Fleurs unisexuelles; fleurs apétales séparées des fruits, mais sur le même pied : le *buis*.

III. Fleurs unisexuelles; les mâles séparées des femelles sur des pieds différens : le *pistachier* (pl. 38, 18, fig. 1, 2).

CLASSE XIX. *Les arbres amentacés.*

Les fleurs sont, comme dans l'espèce précédente, dépourvues de corolle, mais toujours unisexuelles, réunies en grand nombre autour d'un axe commun allongé, que l'on a comparé à la queue d'un chat, et que l'on a nommé *chaton*.

Cette classe est partagée en six sections d'après les caractères des fruits, les fleurs mâles et femelles séparées sur le même pied ou sur des pieds différens; en d'autres termes, les fleurs sont *monoïques* ou *dioïques*.

I. Fleurs monoïques dont les fruits sont osseux : le *noyer* (*juglans regia*, pl. 38, 19, fig. 1, 2, 3).

II. Fleurs monoïques dont les fruits sont revêtus d'une enveloppe coriace : le *chêne*.

III. Fleurs monoïques dont les fruits sont écailleux, la plupart en forme de cônes, portant le nom de *conifères* : le *pin*.

IV. Fleurs monoïques ou dioïques dont les fruits sont des baies molles : le *genévrier*.

V. Fleurs monoïques dont les fruits sont secs : le *platane*.

VI. Fleurs dioïques dont les fruits sont en chaton : le *peuplier*.

CLASSE XX. *Les arbres monopétales*.

Cette classe comprend les arbres et arbrisseaux dont les fleurs sont pourvues d'une corolle monopétale ou d'une seule pièce : elle se divise en sept sections d'après les caractères du fruit.

I. Le pistil devient un fruit mou, contenant des semences dures : l'*arbousier* (pl. 38, 20, fig. 1).

II. Le pistil devient une baie remplie de semences osseuses : l'*olivier*.

III. Le pistil se convertit en un fruit membraneux : l'*orme*.

IV. Le pistil produit un fruit à plusieurs capsules : le *lilas*.

V. Le pistil devient un fruit siliqueux : le *laurier-rose*.

VI. Le calice se change en baie : le *sureau*.

VII. Fleurs mâles séparées des fleurs femelles : le *gui*.

CLASSE XXI. *Les arbres rosacés*.

Cette classe renferme toutes les espèces d'arbres ou d'arbrisseaux dont les fleurs sont polypétales, ordinairement disposées en rose; elle renferme neuf sections toutes établies d'après les caractères des fruits.

I. Le pistil devient un fruit unicapsulaire : le *tilleul.*

II. Le pistil devient une baie : le *micocoulier.*

III. Le pistil devient un fruit à plusieurs capsules : l'*érable.*

IV. Le pistil devient un fruit composé de plusieurs siliques : le *spiræa.*

V. Le pistil se change en une gousse : le *séné.*

VI. Le pistil se convertit en un fruit charnu, rempli de semences calleuses : l'*oranger.*

VII. Le pistil se change en un fruit à noyau : le *prunier.*

VIII. Le calice devient un fruit à pepins : le *poirier* (le *rosier*, pl. 38, 21, fig. 1).

IX. Le calice devient un fruit renfermant un ou plusieurs osselets : le *cornouiller.*

CLASSE XXII. *Les arbres papilionacés.*

Cette classe est la même que celle des herbes à fleurs papilionacées : elle comprend trois sections établies d'après les caractères des feuilles.

I. Feuilles simples : le *gaînier* (*cercis siliquastrum*, pl. 38, 22, fig. 1, 2).

II. Feuilles ternées : le *cytise.*

III. Feuilles ailées ou conjuguées : le *baguenaudier.*

Malgré tout l'intérêt que dut inspirer la méthode de Tournefort, dans un temps où les plantes connues étaient bien moins nombreuses qu'aujourd'hui, et la botanique presque sans principes, cette méthode, comme toutes celles qui ne seront qu'artificielles, renfermait des défauts essentiels, bien plus apparens aujourd'hui, et ne pouvait être d'une application universelle. Il n'est plus permis de séparer des herbes les arbrisseaux et les arbres, les uns et les autres étant reconnus exister également dans presque toutes les familles et quelquefois dans les mêmes genres : il ne faudrait avoir aucune connaissance des rapports naturels pour conserver une telle division. Il serait impossible d'établir maintenant une ligne de séparation bien tranchée entre les deux premières classes, les *campaniformes* et les *infundibu-*

liformes, outre que cette séparation détruit des rapports très-naturels : la classe des plantes à fleurs *rosacées*, telle que Tournefort l'a établie, contiendrait seule presque un quart des végétaux connus, tandis que celle des *caryophyllées* en comprendrait à peine la cent cinquantième partie. Les *liliacées* ne sont point toutes polypétales, ni toutes régulières : il faut y joindre la considération du fruit ; ce qui est un grand défaut dans une méthode, et en contradiction même avec les principes de Tournefort.

Les sections ou divisions des classes offrent aussi un plus grand nombre de difficultés, beaucoup d'insuffisance dans les caractères imparfaitement circonscrits. Quoiqu'ils doivent être uniquement fondés sur les fruits, on voit plusieurs fois les feuilles elles-mêmes et autres parties y concourir. Les genres sont trop vaguement déterminés ; les espèces et les variétés trop souvent confondues : il n'en résulte pas moins que Tournefort a fait faire un très-grand pas à la science ; qu'il y a répandu une grande clarté, et ramené l'ordre dans des principes jusqu'alors vagues et obscurs.

CHAPITRE DIXIÈME.

Système sexuel de Linné.

Après le choix que Tournefort avait fait de la corolle pour base de sa méthode, il devait paraître bien difficile d'en établir une autre sur aucune partie des fleurs plus propre à intéresser; mais la découverte des sexes dans les végétaux fixa l'attention sur ces organes délicats : ils furent regardés avec raison comme les plus essentiels, et d'une nécessité indispensable pour la fécondation des fruits. Dès lors la corolle, malgré tout son éclat, ne fut plus considérée que comme une enveloppe brillante, destinée à les protéger. L'importance des étamines et des pistils, dans l'acte de la génération, détermina Linné à les prendre pour base de son *système sexuel*, qu'il signala sous le nom séduisant de *noces des plantes :* les étamines furent considérées comme les maris, et lui servirent à établir ses classes; les pistils, considérés comme femmes, formèrent les ordres ou sections. Mais comme il existe un ordre de plantes dans lesquelles ces organes sexuels sont nuls ou très-obscurs, Linné forma d'abord deux grandes coupes; savoir, les plantes dont les parties de la fructification sont très-apparentes, les *phanérogames* [1] *:* ce sont les noces publiques; celles dont la fructification est cachée ou très-obscure, les *cryptogames :* ce sont les noces clandestines.

A partir de ces deux grandes divisions, reprenant la première, les plantes *phanérogames*, Linné reconnut que, quoique le plus grand nombre des plantes réunisse les deux sexes dans chaque fleur, savoir, les étamines et les pistils, il s'en trouvait beaucoup d'autres qui n'avaient qu'un sexe; que les étamines existaient seules dans une fleur, et les pistils dans une autre; nouvelle division qui amena, 1°. les fleurs hermaphrodites ou *monoclines;* 2°. les fleurs unisexuelles ou *diclines*. Dans la première, les maris habitent avec leurs femmes; dans la seconde, ils en sont séparés.

[1] Ce terme est moderne : il n'a point été employé par Linné.

Considérant ensuite les attributs des étamines, ou l'ordre que la nature a établi entre ces maris, il en résulte, 1°. que, dans certaines fleurs, toutes les étamines sont libres, séparées les unes des autres, sans aucune proportion dans leur longueur respective; 2°. qu'il s'en trouve de plus courtes, c'est-à-dire que les maris sont séparés entre eux, et que quelques-uns dominent les autres par leur longueur; 3°. que, dans d'autres fleurs, les étamines sont réunies, par leurs filamens, en un, deux ou plusieurs paquets, de telle sorte, que les maris, considérés comme frères, n'en font qu'un, deux ou plusieurs, selon le nombre des paquets.

Les étamines libres et sans proportion dans leur longueur respective donnent lieu à la formation des treize premières classes établies d'après le nombre des étamines qui se trouvent dans chaque fleur : ce sont des maris tous égaux.

I. MONANDRIE [1]. Une étamine ou un seul mari.

II. DIANDRIE. Deux étamines ou deux maris.

III. TRIANDRIE. Trois étamines ou trois maris.

IV. TÉTRANDRIE. Quatre étamines ou quatre maris.

V. PENTANDRIE. Cinq étamines ou cinq maris.

VI. HEXANDRIE. Six étamines ou six maris.

VII. HEPTANDRIE. Sept étamines ou sept maris.

VIII. OCTANDRIE. Huit étamines ou huit maris.

IX. ENNÉANDRIE. Neuf étamines ou neuf maris.

X. DÉCANDRIE. Dix étamines ou dix maris.

XI. DODÉCANDRIE. Douze étamines ou douze maris.

XII. ICOSANDRIE. Plus de douze étamines attachées à l'orifice interne du calice.

XIII. POLYANDRIE. Plus de douze étamines attachées sur le réceptacle [2].

Dans les fleurs où il se trouve deux étamines plus courtes, il y a subordination entre les maris; deux ou quatre dominent les deux autres : d'où résultent les deux classes suivantes :

XIV. DIDYNAMIE. Deux étamines plus longues ou deux maris plus puissans.

XV. TÉTRADYNAMIE. Quatre étamines plus longues ou quatre maris plus puissans.

[1] Tous ces noms classiques sont composés de deux mots grecs : le premier est *numérique*, le second signifie *homme*.

[2] On voit que ces deux dernières classes, lorsqu'il y a plus de douze étamines, sont établies sur l'insertion de ces étamines.

Les étamines réunies entre elles par quelques-unes de leurs parties ou avec le pistil, donnent :

XVI. MONADELPHIE. Les étamines réunies par leurs filamens en un seul paquet. Les maris ne forment qu'un seul frère.

XVII. DIADELPHIE. Les étamines réunies par leurs filamens en deux paquets. Les maris forment deux frères, ordinairement neuf réunis, un seul séparé.

XVIII. POLYADELPHIE. Les étamines réunies par leurs filamens en plusieurs paquets. Plusieurs groupes de frères.

XIX. SYNGÉNÉSIE ou fécondation simultanée. Les étamines rapprochées en cylindre par leurs anthères.

XX. GYNANDRIE. Étamines insérées sur le pistil. Les maris attachés aux femmes.

Dans les fleurs unisexuelles, les deux sexes étant séparés, se trouvent sur le même individu ou sur des individus distincts; quelquefois aussi des fleurs hermaphrodites se mêlent aux fleurs unisexuelles : d'où,

XXI. MONOECIE. Étamines et pistils dans des fleurs séparées, mais sur le même individu.

XXII. DIOECIE. Étamines et pistils dans des fleurs séparées, sur des individus distincts.

XXIII. POLYGAMIE. Fleurs hermaphrodites parmi des fleurs unisexuelles.

XXIV. CRYPTOGAMIE. Fructification cachée. Noces clandestines.

Après s'être emparé des *étamines* ou des maris pour établir les classes de son système, Linné emploie les *pistils* ou les femmes pour la formation de ses ordres : il les caractérise d'après le nombre des pistils qui existent dans chaque fleur. Il en a fait l'application, à ses treize premières classes, sous les noms de *monogynie*, *digynie*, *trigynie*, *tétragynie*, *pentagynie*, *polygynie*, etc.; expressions composées de deux mots grecs. Le premier est numérique, le second appartient à la femme; mais le nombre des pistils n'ayant pas pu être également employé pour toutes les classes, il a fallu avoir recours à d'autres organes, à la grandeur respective des fruits dans la XIVe et XVe classes, à l'avortement ou à la stérilité du pistil dans la *syngénésie*. Je ne m'étendrai pas ici plus au long sur les ordres de Linné, devant reprendre chaque classe en particulier après que j'en aurai présenté le tableau.

TABLEAU DU SYSTÈ

NOCES I

Étamines libr

Hermaphrodites...

Organes sexuels apparens.

Phanérogames..

Étamines réun

LES PLANTES ont des

Unisexuelles....................

Organes sexuels cachés.

Cryptogames..........................

XUEL DE LINNÉ,

ANTES.

			CLASSES.
En proportion indéterminée..	Nombre des étamines.	Une étamine...........	1. MONANDRIE.
		Deux étamines.........	2. DIANDRIE.
		Trois étamines.........	3. TRIANDRIE.
		Quatre étamines........	4. TÉTRANDRIE.
		Cinq étamines..........	5. PENTANDRIE.
		Six étamines...........	6. HEXANDRIE.
		Sept étamines..........	7. HEPTANDRIE.
		Huit étamines	8. OCTANDRIE.
		Neuf étamines..........	9. ENNÉANDRIE.
		Dix étamines....	10. DÉCANDRIE.
		Douze étamines.........	11. DODÉCANDRIE.
	Leur insertion.	Plus de douze étamines insérées sur le calice.....	12. ICOSANDRIE.
		Plus de douze étamines insérées sur le réceptacle.	13. POLYANDRIE.
En proportion déterminée............		Deux étamines plus longues, deux plus courtes.	14. DIDYNAMIE.
		Quatre étam. plus longues, deux plus courtes.....	15. TÉTRADYNAMIE.
....		Étamines réunies en un seul paquet..............	16. MONADELPHIE.
		— En deux paquets.....	17. DIADELPHIE.
		— En plus de deux......	18. POLYADELPHIE.
		— Réunies par leurs anthères...........	19. SYNGÉNÉSIE.
		— Insérées sur le pistil...	20. GYNANDRIE.
....			21. MONŒCIE. 22. DIŒCIE. 23. POLYGAMIE.
....			24. CRYPTOGAMIE.

CLASSE I. *Monandrie.*

Cette classe renferme les fleurs à une seule étamine; elle est divisée en deux ordres :

I. Un seul style, *monogynie :* la pesse (*hippuris vulgaris*. pl. 39, 1, fig. 1, 2).

II. Deux styles, *digynie :* la blète (*blitum capitatum*, pl. 39, 1, fig. 3).

Outre la distinction des ordres, Linné a encore établi des sous-divisions particulières, prises de toutes les parties de la fleur, afin de faciliter la distinction des genres. On les trouvera dans le tableau des genres qu'il a placé à la tête de chacune de ses classes.

Celle-ci est une des plus petites; il est même tel genre, dans d'autres classes, qui renferme seul plus d'espèces qu'il n'y en a ici dans la totalité des genres : c'est un des inconvéniens difficiles à éviter dans les méthodes artificielles. Au reste, on pourrait en dire autant des familles naturelles, tant il est vrai que la nature se joue de nos divisions quelles qu'elles soient. Si l'on excepte quelques-uns des premiers genres qui appartiennent à la famille des *amomées*, les autres genres de cette classe se rapportent à des familles très-éloignées les unes des autres.

CLASSE II. *Diandrie.*

Cette classe comprend les fleurs à deux étamines; elle est divisée en trois ordres :

I. Un seul style, *monogynie :* le lilas (*syringa vulgaris*, pl. 39, 2, fig. 1, 2; *veronica montana*, fig. 3; *circæa Lutetiana*, fig. 4).

II. Deux styles, *digynie :* la flouve (*anthoxanthum*).

III. Trois styles, *trigynie :* le poivre.

Cette classe a très-peu d'étendue : le premier ordre contient une partie des genres de la famille des *jasminées;* le second ordre renferme un ou deux genres de la famille des *graminées;* les poivres, genre très-nombreux en espèces, forment seuls le troisième ordre.

CLASSE III. *Triandrie.*

Dans cette classe, sont comprises les fleurs à trois étamines; elle est, comme la précédente, partagée en trois ordres :

I. Un seul style, *monogynie :* la valériane (pl. 39, 3, fig. 2; *ixia*, fig. 2).

II. Deux styles, *digynie :* la raigrass (*lolium perenne*, pl. 39, 3, fig. 3).

III. Trois styles, *trigynie :* le polycarpon.

Le premier ordre renferme beaucoup de *liliacées* à trois étamines au lieu de six, et une grande partie des *cypéracées;* dans le second, se trouvent compris le plus grand nombre des *graminées*, celles à fleurs hermaphrodites; le troisième renferme des genres de différentes familles.

CLASSE IV. *Tétrandrie.*

La quatrième classe, dont les fleurs renferment quatre étamines, est divisée en trois ordres :

I Un seul style, *monogynie :* la scabieuse (*scabiosa succisa*, pl. 39, 4, fig. 1; *cornus sanguinea*, fig. 2; *plantago maxima*, fig. 3).

II. Deux styles, *digynie :* la cuscute.

III. Quatre styles, *tétragynie :* le houx.

Un grand nombre de *rubiacées* occupent le premier ordre; le second contient des genres de familles très-éloignées les unes des autres; dans le troisième, on trouve quelques genres de la famille des *naïades*. On a depuis ajouté un autre ordre à trois styles, *trygynie*, pour le genre *boscia*.

CLASSE V. *Pentandrie.*

Cette classe est une des plus nombreuses tant en genres qu'en espèces; elle se divise en six ordres :

I. Un seul style, *monogynie :* le chèvrefeuille (pl. 39, 5, fig. 2).

II. Deux styles, *digynie :* le fenouil (*anethum fœniculum*, pl. 39, 5, fig. 1).

III. Trois styles, *trigynie :* la viorne (*viburnum tinus*, pl. 39, 5, fig. 3).

IV. Quatre styles, *tétragynie :* le parnassia.

V. Cinq styles, *pentagynie :* le lin.

VI. Un grand nombre de styles, *polygynie :* le *myosurus*, queue de souris.

Le premier ordre contient un nombre de genres si considérable, qu'il serait difficile de les bien distinguer, si Linné n'y eût établi, comme il l'a fait pour la plupart de ses ordres, des divisions et sous-divisions qui donnent, pour les recherches, une grande facilité. Ces divisions sont appuyées sur la corolle monopétale ou polypétale, sur l'ovaire supérieur ou inférieur, sur les fruits et le nombre des semences qu'ils renferment : on y trouve de grands fragmens de familles naturelles, tels que les *borraginées*, les *rubiacées*, les *apocinées*, etc. Le second ordre est remarquable par la belle famille des *ombellifères*, qui s'y trouve en entier; les genres des autres ordres se rapportent à plusieurs familles isolées. On a ajouté depuis un septième ordre à dix styles, *décagynie*, pour le seul genre *schefflera*.

CLASSE VI. *Hexandrie.*

Cette classe comprend les fleurs à six étamines; elle se divise en cinq ordres :

I. Un seul style, *monogynie :* la scille (*scilla autumnalis*, pl. 39, 6, fig. 1; *dianella cærulea*, fig. 2; *berberis vulgaris*, fig. 3).

II. Deux styles, *digynie :* le riz.

III. Trois styles, *trigynie :* l'oseille (*rumex*).

IV. Quatre styles, *tétragynie :* le *petiveria.*

V. Plusieurs styles, *polygynie :* l'*alisma.*

Le premier ordre renferme une très-grande partie de ces belles familles établies sur les *liliacées;* les autres ordres comprennent des genres qui, la plupart, n'ont entre eux que des rapports très-éloignés. On a depuis ajouté un autre ordre, six styles, *hexagynie*, pour le *wendlendia* et le *damasonium.*

CLASSE VII. *Heptandrie.*

Cette classe, très-peu étendue, a des fleurs à sept étamines, et comprend néanmoins quatre ordres :

I. Un seul style, *monogynie :* le marronnier (pl. 39, 7, fig. 1).

II. Deux styles, *digynie :* le *limeum.*

III. Quatre styles, *tétragynie :* le *saururus.*

IV. Sept styles, *heptagynie :* le *septas.*

Il n'existe presque aucun rapport de famille entre les genres de cette classe.

CLASSE VIII. *Octandrie.*

Cette classe renferme les fleurs à huit étamines; elle est composée de quatre ordres :

I. Un seul style, *monogynie :* l'épilobe (*epilobium spicatum*, pl. 39, 8, fig. 2; *fuchsia coccinea*, fig. 1).

II. Deux styles, *digynie :* le *moerhingia.*

III. Trois styles, *trigynie :* la corinde (*cardiospermum*).

IV. Quatre styles, *tétragynie :* la moscatelline (*adoxa*).

Quelques genres ont entre eux une analogie de famille; les autres sont isolés.

CLASSE IX. *Ennéandrie.*

C'est une des plus petites classes. Les fleurs renferment neuf étamines : elle se compose de trois ordres :

I. Un seul style, *monogynie :* le laurier.

II. Trois styles, *trigynie :* la rhubarbe (*rheum rhaponticum*, pl. 40, 9, fig. 2).

III. Six styles, *hexagynie :* le jonc fleuri, *butomus* (pl. 40, 9, fig. 1).

Il n'existe, entre les genres de cette classe, aucune analogie de famille.

CLASSE X. *Décandrie.*

Cette classe, beaucoup plus étendue que la précédente, contient les fleurs à dix étamines; elle se divise en cinq sections :

I. Un seul style, *monogynie* : le rhododendron (*rhododendron ponticum*, pl. 40, 10, fig. 1).

II. Deux styles, *digynie :* le saxifrage (*saxifraga hirsuta*, pl. 40, 10, fig. 2).

III. Trois styles, *trigynie :* le silené.

IV. Cinq styles, *pentagynie* : la joubarbe (*sedum*).

Il existe, parmi les genres de cette classe, quelques groupes de familles naturelles, une partie des *légumineuses* à étamines libres dans le premier ordre, des *caryophyllées* dans les second, troisième et cinquième ordres, ainsi que des *crassulées*.

CLASSE XI. *Dodécandrie.*

Dans cette classe, les étamines sont, dans chaque fleur, au nombre de douze, quelquefois plus : elle se divise en six ordres :

I. Un seul style, *monogynie :* la silicaire, *lythrum* (*halesia tetraptera*, pl. 40, 11, fig. 1).

II. Deux styles, *digynie :* l'aigremoine.

III. Trois styles, *trigynie :* le réséda, l'euphorbe (*euphorbia spinosa*, pl. 40, 11, fig. 2).

IV. Quatre styles, *tétragynie :* l'*aponogeton.*

V. Cinq styles, *pentagynie :* le *glinus.*

VI. Douze styles, *dodécagynie :* le *sempervivum.*

Cette classe n'est presque composée que de genres tous très-éloignés les uns des autres dans l'ordre des familles naturelles.

CLASSE XII. *Icosandrie.*

Cette classe est fondée, comme les précédentes, sur les étamines libres, au nombre de vingt et au-delà; mais elle se distingue de la suivante, qui a le même nombre d'étamines, par l'insertion de ces dernières placées à l'orifice intérieur du calice et non sur le réceptacle. Elle est composée de cinq ordres :

I. Un seul style, *monogynie :* l'amandier (*cactus opuntia*, pl. 40, 12, fig. 1).

II. Deux styles, *digynie :* l'alisier, *cratægus.*

III. Trois styles, *trigynie :* le sorbier.

IV. Cinq styles, *pentagynie :* le poirier.

V. Plusieurs styles, *polygynie :* le rosier.

On trouve dans cette classe presque toute la belle famille des *rosacées*, et la plupart de nos arbres fruitiers épars dans les différens ordres.

CLASSE XIII. *Polyandrie.*

Dans cette classe, les étamines, au nombre de vingt et plus, comme dans la classe précédente, sont insérées sur le réceptacle et non placées sur le calice. Elle se divise en six ordres :

I. Un seul style, *monogynie :* le nénuphar (*nymphæa alba*, pl. 40, 13, fig. 1).

II. Deux styles, *digynie :* la pivoine.

III. Trois styles, *trigynie :* l'aconit.

IV. Quatre styles, *tétragynie :* le *tetracera.*

V. Cinq styles, *pentagynie :* l'ancolie (*aquilegia*).

VI. Plusieurs styles, *polygynie :* la renoncule.

La plupart des genres appartenant à la famille des *renonculacées* se trouvent placés dans les différens ordres de cette classe.

CLASSE XIV. *Didynamie.*

Cette classe tire ses caractères du nombre, mais plus particulièrement de l'inégalité dans la longueur des étamines : elles sont ici au nombre de quatre, deux plus courtes et deux plus longues. Comme dans tous les genres de cette famille les fleurs ne renferment qu'un seul style, Linné s'est vu forcé de former ses ordres d'après une autre partie : il a choisi les fruits qui, en effet, lui ont présenté deux divisions très-naturelles; dans l'une, les semences sont au nombre de quatre au fond du calice persistant; dans l'autre, elles sont renfermées dans une capsule : d'où résultent deux ordres :

I. Quatre semences nues au fond du calice, *gymnospermie* (deux mots grecs qui signifient *nudité des semences*) : le lamier (*lamium purpureum*, pl. 40, 14, fig. 3, 4).

II. Semences renfermées dans une capsule, *angiospermie* (deux mots grecs qui signifient *enveloppement des semences*) : la linaire (*antirrhinum linaria*, pl. 40, 14, fig. 1, 2).

Le premier ordre n'est composé que de genres qui tous, sans exclusion, appartiennent à la famille des *labiées;* le second comprend les *personnées* de Tournefort, les *scrophulaires* de Jussieu.

CLASSE XV. *Tétradynamie.*

Cette classe est appuyée sur les mêmes caractères que la précédente; mais ses fleurs renferment six étamines au lieu de quatre, deux plus courtes, quatre plus longues. Comme elles n'ont également qu'un seul style dans tous les genres, il a fallu avoir encore recours au fruit qui fournit deux ordres d'après la longueur respective de ces fruits :

I. Fruit *siliculeux*, silique courte, presque aussi longue que large : la bourse-à-berger (*thlaspi-bursa-pastoris*, pl. 40, 15, fig. 3).

II. Fruit *siliqueux*, silique étroite et longue : le chou (*brassica oleracea*, pl. 40, 15, fig. 1 ; *cheiranthus cheiri*, fig. 2 ; *sinapis nigra*, fig. 4).

Les genres de cette classe appartiennent tous, le *cleome* excepté, à la famille très-naturelle des *crucifères.*

CLASSE XVI. *Monadelphie.*

Cette classe est établie non sur le nombre des étamines, mais sur la connexion des filamens entre eux, ne formant ici qu'un seul corps : ce sont plusieurs frères qui n'en font qu'un. Telle est l'étymologie grecque du terme *monadelphe.* Le nombre des étamines n'étant pas ici employé pour caractère classique, Linné s'en est servi pour la formation des ordres au nombre de sept :

I. Trois étamines, *triandrie :* le tamarin.

II. Cinq étamines, *pentandrie : l'hermannia.*

III. Huit étamines, *octandrie :* le *pistia.*

IV. Dix étamines, *décandrie :* le *geranium.*

V. Onze étamines, *endécandrie :* le *brownea.*

VI. Douze étamines, *dodécandrie :* le *pentapetes.*

VII. Un grand nombre d'étamines, *polyandrie :* la mauve (*malva sylvestris*, pl. 40, 16, fig. 1 ; *adansonia digitata*, fig. 2).

La famille naturelle des *malvacées* est renfermée dans le septième ordre; les autres ne renferment que des genres presque sans analogie entre eux.

CLASSE XVII. *Diadelphie.*

Cette classe est basée sur les mêmes caractères que la précédente; mais les étamines ont leurs filamens réunis en deux corps (deux frères); la distribution en est très-inégale, puisque neuf filamens, réunis en gaîne autour du pistil, forment le premier paquet, tandis que le second n'a qu'un seul filament placé devant l'ouverture latérale et en longueur du premier corps. Quelquefois ce filament est soudé avec les autres; tantôt il s'en détache à mesure que l'ovaire grossit et que la fente s'élargit; quelquefois aussi il y reste adhérent; et, quoique les étamines soient alors *monadelphes*, Linné n'a pas cru devoir, dans ce cas, séparer ces genres de beaucoup d'autres avec lesquels ils ont un si grand nombre de caractères communs. Les ordres sont au nombre de quatre établis sur le nombre des étamines :

I. Cinq étamines, *pentandrie :* le *monniera.*

II. Six étamines, *hexandrie :* la fumeterre.

III. Huit étamines, *octandrie :* le polygala.

IV. Dix étamines, *décandrie :* le pois (*pisum arvense*, pl. 41, 17, fig. 1, 2; *crotalaria*, fig. 3).

Cette classe renferme, surtout dans le quatrième ordre, une grande partie des genres de la famille des *légumineuses :* nous en avons vu une autre portion dans la dixième classe, la *décandrie monogynie.* Les genres des trois premiers ordres sont incohérens entre eux; ils sont d'ailleurs très-peu nombreux.

CLASSE XVIII. *Polyadelphie.*

Dans cette classe, analogue aux deux précédentes, la réunion des filamens est en plus de deux corps : ce sont des groupes de frères en nombre indéfini. Linné les distribue en quatre ordres d'après le nombre et l'insertion des étamines :

I. Cinq étamines, *pentandrie :* le cacaoyer (*theobroma*).

II. Douze étamines, *dodécandrie :* l'*abroma.*

III. Plus de douze étamines insérées sur le bord intérieur du calice, *icosandrie :* l'oranger (pl. 41, 18, fig. 1).

IV. Plus de douze étamines insérées sur le réceptacle, *polyandrie :* le millepertuis (*hypericum perforatum*, pl. 41, 18, fig. 2, 3).

Cette classe, très-peu étendue, renferme, dans son quatrième ordre, la petite famille des *hypéricées*.

CLASSE XIX. *Syngénésie.*

Cette classe, parfaitement naturelle dans toute son étendue, est caractérisée par l'adhésion des anthères réunies en un tube d'une seule pièce, à travers lequel passe le pistil. Il ne faut pas considérer cette réunion des anthères comme un simple rapprochement ou même une agglutination latérale, telle que dans les anthères de la violette, etc., mais comme une véritable soudure, les anthères ne formant qu'un seul corps tubulé. Elle renferme les fleurs composées proprement dites; elles sont *syngénèses*, c'est-à-dire qu'elles annoncent une *réunion de générations*, ainsi que l'exprime le mot grec; elle se divise en cinq ordres fondés sur la *polygamie* des fleurs réunies dans un calice commun : ce dernier caractère a suffi à Linné pour établir cette *polygamie*, non pas qu'il y ait toujours un mélange de fleurs polygames proprement dites, c'est-à-dire des fleurs hermaphrodites avec des fleurs unisexuelles, mais une réunion de fleurs pressées les unes contre les autres, qui donne lieu à une fécondation confuse, tellement que le même stigmate doit être souvent fécondé par le pollen des étamines de plusieurs fleurs. C'est donc cette sorte de polygamie qui fait la base des ordres distingués ensuite d'après les fleurs, ou toutes hermaphrodites dans le même calice, ou des hermaphrodites mélangées avec des fleurs unisexuelles ou stériles : d'où,

I. Polygamie *égale* quand toutes les fleurs sont hermaphrodites : le pissenlit (pl. 41, 19, fig. 4).

II. Polygamie *superflue* quand les fleurs du centre sont hermaphrodites, et celles de la circonférence femelles et fertiles. Ces dernières paraissent, en quelque sorte, *superflues*, quoique fertiles, puisque la reproduction est assurée par les fleurs hermaphrodites du centre : la camomille (pl. 41, 19, fig. 1, 2, 3).

III. Polygamie *nécessaire*. Ici, les fleurs du centre, quoique hermaphrodites, sont stériles par la faiblesse ou l'avortement du pistil; mais leurs étamines fécondent les fleurs de la circonférence, qui sont toutes femelles et fertiles. Ces deux sortes de fleurs sont donc tellement *nécessaires*, que, si l'une des deux manquait, il ne pourrait y avoir de fécondation : le souci.

IV. Polygamie *séparée*. Outre leur réunion dans un calice commun, les fleurs sont de plus séparées les unes des autres par une sorte de calice particulier : la boulette (*echinops*).

Le Ve ordre a été supprimé depuis Linné. Sous le nom de *monogamie*, il comprenait des fleurs solitaires et la plupart non renfermées dans un calice commun, ayant leurs anthères rapprochées et non soudées, comme dans la jasione, la violette, etc.

Cette classe renferme les *flosculeuses*, *semi-flosculeuses* et *radiées* de Tournefort ; les *chicoracées*, les *cinarocéphales* et les *corymbifères* de Jussieu.

CLASSE XX. *Gynandrie.*

Cette classe, dont le nom exprime, en grec, l'*union* du mari et de la femme, est caractérisée par l'insertion des étamines sur le pistil. Divisée d'abord en neuf ordres par Linné, elle a été depuis réduite à quatre établis d'après le nombre des étamines :

I. Deux étamines, *diandrie* : l'*ophrys* (*ophrys myodes*, pl. 41, 20, fig. 1).

Cet ordre est très-naturel ; il renferme la brillante famille des *orchidées* : Linné y admettait deux étamines distinctes, portées chacune sur un filament très-court ; d'autres n'y reconnaissent qu'une seule étamine à deux anthères ou plutôt deux loges séparées, comme dans les *orchis*, ou une seule anthère terminale, comme dans les *épidendrum*. Quelques-uns pensent qu'il existe trois étamines soudées avec le style en partie ou en totalité, ordinairement deux latérales dont il n'existe que le rudiment, et une étamine intermédiaire fertile : rarement les deux étamines latérales sont fertiles et l'intermédiaire avortée ; l'anthère est à deux loges ; le pollen agglutiné en plusieurs paquets. Cette étamine est placée sur le style ou sur une portion du réceptacle prolongé en style, qu'on a nommé *colonne des organes sexuels* ou *gynostème* d'après un auteur moderne.

Le IIe ordre, *triandrie*, trois étamines, n'a été conservé que pour un très-petit nombre de genres : le *salacia*.

Le IIIe et le IVe supprimés : il n'a été conservé des autres que le VIe, *hexandrie*, six étamines : l'aristoloche.

CLASSE XXI. *Monœcie.*

Dans cette classe, les fleurs sont unisexuelles, les étamines seules habitent une fleur, les pistils une autre ; mais ces deux sortes de fleurs se trouvent sur le même individu ; il y a *unité d'habitation*, comme l'annonce le mot grec *monœcie*. Les ordres de cette classe, d'abord au nombre de onze, aujourd'hui réduits à neuf, ont été fondés sur les caractères des classes précédentes :

I. *Monandrie :* la charagne (*chara*).
II. *Diandrie :* la lentille d'eau (*lemna*).
III. *Triandrie :* la masse d'eau (*typha*).
IV. *Tétrandrie :* l'ortie.
V. *Pentandrie :* l'amaranthe.
VI. *Hexandrie :* le cocotier.
VII. *Polyandrie*, plus de sept étamines : le noisetier (pl. 41, 21, fig. 1, 2, 3).
VIII. *Monadelphie :* le sapin.
IX. *Gynandrie.* Dans les fleurs mâles, les étamines sont insérées sur un pistil qui avorte : l'andrachné.

On trouve, dans ces différens ordres, des fragmens de familles naturelles : dans le IIIe, des *graminées*, des *cypéracées ;* dans le IVe, des *urticées ;* dans le VIIe, une partie des *amentacées ;* dans le VIIIe, beaucoup de *conifères.*

CLASSE XXII. *Diœcie.*

Cette classe est, comme la précédente, composée de fleurs unisexuelles; mais les mâles et les femelles habitent sur des individus différens : ils ont une *habitation séparée ;* ils sont *dioïques.* Les ordres, très-nombreux, ont pour base, comme ceux de la *monœcie*, les classes antécédentes; ils sont au nombre de quatorze :

I. *Monandrie :* la naïade.
II. *Diandrie :* le saule.
III. *Triandrie :* l'osyris.
IV. *Tétrandrie :* le gui.
V. *Pentandrie :* le chanvre.

VI. *Hexandrie :* le sceau de Notre-Dame (*tamus*).

VII. *Octandrie :* le peuplier.

VIII. *Ennéandrie :* la mercurielle.

IX. *Décandrie :* le *schinus*.

X. *Dodécandrie :* le ménisperme.

XI. *Polyandrie :* le *cliffortia*.

XII. *Monadelphie :* la bryone (pl. 41, 22, fig 1, 2).

XIII. *Syngénésie :* le fragon (*ruscus*).

Ce dernier ordre est à supprimer. Le seul genre qu'il renferme n'est point syngénèse.

XIV. *Gynandrie :* le *clutia*.

Cette classe ne renferme que quelques fragmens de familles naturelles, tels que des *amentacées*, des *conifères*, etc. ; la plupart des autres genres n'ont entre eux aucune connexion.

CLASSE XXIII. *Polygamie.*

Cette classe n'est qu'une combinaison des deux précédentes ; elle consiste dans des fleurs dont les unes sont unisexuelles, les autres hermaphrodites : il y a *pluralité de mariages* ou *polygamie*. Les ordres sont tirés des combinaisons diverses des fleurs mâles et des fleurs femelles avec des fleurs hermaphrodites sur un même individu, sur deux ou trois : d'où suivent trois ordres :

I. Fleurs polygames réunies sur le même individu, *monœcie :* le micocoulier (*celtis*).

II. Fleurs polygames ; les hermaphrodites sur un individu ; les mâles et femelles sur un autre, *diœcie :* le févier (*gleditsia triacanthos*, pl. 41, 23, fig. 1, 2, 3).

III. Fleurs polygames ; les hermaphrodites sur un individu ; les mâles sur un autre ; les femelles sur un autre : le caroubier (*ceratonia*).

On trouve, dans le Ier ordre, la suite de la famille des *graminées*, quelques *légumineuses*, etc. ; les deux autres, d'ailleurs très-peu étendus, surtout le dernier, n'offrent point de groupes naturels remarquables.

CLASSE XXIV. *Cryptogamie.*

Nous voici arrivés aux *mariages clandestins*, c'est-à-dire à ces plantes dont la fructification est indistincte, invisible ou peu connue. Cette classe ne pouvait fournir, pour l'établissement des ordres, les mêmes caractères employés dans les classes précédentes : Linné a très-ingénieusement présenté en quatre ordres autant de familles très-naturelles et dont les caractères sont si bien prononcés, qu'ils se reconnaissent au premier aspect. Il faut en excepter un très-petit nombre de genres qu'on a depuis transportés dans des familles particulières.

Ordre Ier. Les FOUGÈRES, que plusieurs botanistes ont nommées *dorsifères* à cause de leur caractère particulier de porter leur fructification sur le revers des feuilles. Elle consiste en petits paquets groupés en forme de lignes, de taches, de points, souvent entourés d'un anneau élastique, quelquefois nus. Ces paquets renferment un grand nombre de semences fort petites, pulvérulentes; les groupes souvent recouverts d'un tégument membraneux. On ignore par quels moyens ces semences obtiennent la fécondité : la doradille (*asplenium trichomanes*, pl. 41, 24, fig. 4).

Ordre II. Les MOUSSES, en général très-bien connues par leur port, remarquables par les caractères de leur fructification, aujourd'hui assez connues pour qu'on ait pû y distinguer des fleurs monoïques, dioïques ou hermaphrodites. La partie la plus apparente est le fruit : il consiste en une *urne* ou *capsule* pédicellée, uniloculaire, traversée, de la base au sommet, par un axe nommé *columelle*. L'orifice de cette capsule, qui porte le nom de *péristome*, est tantôt nu, tantôt bordé de cils ou de dents réunis quelquefois à leur sommet par une membrane nommée *épiphragme;* l'urne est, en outre, recouverte par un *opercule* qui tombe à la maturité des fruits. Les semences sont nombreuses, très-fines et remplissent la capsule. Linné prenait cet organe pour l'anthère [1]; mais il est prouvé aujourd'hui, d'après les expériences d'Hedwig, que la prétendue poussière de l'anthère, semée convenablement, produisait de nouvelles plantes.

[1] Linné, à la sagacité duquel la plupart de nos nouvelles découvertes n'avaient pas échappé, mais que l'on ne cite pas pour de bonnes raisons, avait soupçonné le mode de fécondation tel qu'il a été ensuite plus développé par Hedwig : il dit, dans le *Genera plantar.*, pag. 552. *Edit. Reich.* : ANTHERÆ *quas nominamus,* [illegible]*orte potius* CAPSULÆ *dicendæ*, *et earum* POLLEN *vera* SEMINA, *cum in* buxbaumiâ, *aliisque vidimus intra opercula veras* ANTHERAS *p*[illegible]*lliniferas*, *è filamento suo dependentes*, *apice dehiscentes*, *pollen dimittere in cilia*, *tanquam in pistilla*.

Ce même naturaliste a découvert que les fleurs des mousses étaient très-petites, les unes latérales, d'autres terminales, sous forme de bourgeons sessiles ou pédonculés, composées de folioles qui tiennent lieu de calice, et renferment, dans leur aisselle, les organes sexuels. Les mâles sont des *utricules* pédicellés, remplis d'une poussière très-fine, entremêlés de filamens stériles et articulés; les femelles offrent ces mêmes filamens mélangés de plusieurs corpuscules cylindriques, que l'on considère comme des pistils. Ordinairement un seul est fécondé : alors le pédicelle imperceptible qui soulevait l'ovaire s'allonge, pousse le jeune fruit hors de ces folioles calicinales que, pour distinguer des autres, on a nommées *périchet*. Ce fruit enlève avec lui une *coiffe* qui le recouvrait, et que l'on regarde comme faisant la fonction de *corolle* pendant la floraison : l'hypne (*hypnum minutilum*, pl. 41, 24, fig. 3).

Ordre III. Les ALGUES. Linné a compris dans cette division plusieurs genres qui en ont été séparés avec raison, et considérés comme formant des familles distinctes, tels que les *hépatiques*, les *lichens*. Ainsi, bornant cet ordre aux *algues* proprement dites, on peut les diviser en deux sections : 1°. les *algues marines;* 2°. les *algues d'eau douce*. Leur fructification est encore moins connue que celle des deux ordres précédens. Ces plantes, très-variées dans leur port, se présentent tantôt sous la forme de membranes simples ou divisées, assez semblables à des feuilles; tantôt ce sont des filamens simples ou cloisonnés, articulés, de substance homogène : elles se reproduisent ou par une séparation naturelle de leurs parties, ou, à ce que l'on soupçonne, par des corps granuleux, que l'on regarde comme des semences auxquelles on a donné le nom de *gongyles;* elles sont renfermées dans des tubercules internes ou externes : les *fucus* ou varecs, les conferves (*lichen cocciferus*, Lin., pl. 41, 24, fig. 2).

Ordre IV. Les CHAMPIGNONS. Cet ordre, sous le nom de *champignons*, dont l'étude a été long-temps négligée, comprend aujourd'hui deux familles, les *champignons* proprement dits et les *hypoxylées :* peut-être trouvera-t-on, par la suite, des caractères qui forceront d'augmenter le nombre de ces familles. Les champignons sont, en général, de consistance charnue, coriace, subéreuse ou mucilagineuse; ils sont très-variables dans leur forme ainsi que dans leur couleur qui n'est jamais verte. On distingue dans plusieurs parties de ces plantes, particulièrement vers leur surface, de très-petits globules arrondis, qu'on regarde comme leurs semences, et qui, examinés au microscope, paraissent être eux-mêmes des capsules pleines de très-petites graines : l'agaric (pl. 41, 24, fig. 1).

Tel est ce système si célèbre, tant loué par les uns, si amèrement critiqué par d'autres. On y trouve de grands défauts, sans doute; mais la plupart sont inévitables dans toute méthode artificielle, telle que la dispersion de genres, très-rapprochés d'ailleurs dans l'ordre de la nature; des anomalies quand on est forcé de prendre, pour base des classes et des ordres, une ou deux parties seulement dans les fleurs. Ainsi, il arrive que plusieurs espèces du même genre n'ont pas toujours le nombre d'étamines indiquées par le caractère classique, telles que les valérianes, les gentianes, les lauriers, les polygonum, etc.; que d'autres n'offrent que très-faiblement le caractère de leur genre; que, dans d'autres, la distinction entre plusieurs genres est si peu marquée, qu'on ne sait quelquefois auquel rapporter l'espèce que l'on cherche à classer.

Malgré ces inconvéniens, malgré les déclamations injurieuses auxquelles se sont livrés opiniâtrément certains auteurs jaloux de la gloire de Linné, son système sexuel n'a pas moins été généralement adopté : on a reconnu qu'il n'en existait aucun plus propre à faciliter l'étude des végétaux, offrant, pardessus tous les autres, l'avantage de pouvoir y trouver toutes les plantes connues, et d'y placer toutes celles que de nouvelles recherches peuvent faire découvrir.

Si les défauts de ce système, quand on commence à en faire usage, font naître quelques difficultés, elles disparaissent en partie à mesure qu'on avance dans cette étude. Bien certainement celui qui n'aurait jamais vu de valérianes, et qui aurait à déterminer une de ces espèces qui n'ont qu'une ou deux étamines, ou qui sont dioïques, n'ira pas la chercher dans la *triandrie;* mais s'il connaît déjà quelques espèces de ce genre, il s'apercevra aisément que, le nombre des étamines excepté, ces espèces possèdent tous les autres caractères particuliers à ce genre.

« En voulant critiquer Linné avec tant de rigueur, dit

l'estimable M. de Clairville, et exiger partout une perfection, une précision, pour ainsi dire mathématique, on bouleverserait bientôt son système : il vaudrait beaucoup mieux que ceux qui y trouvent tant de défauts s'occupassent avant tout d'en créer un meilleur; autrement, nous pourrions nous trouver dans le cas de cet homme inconsidéré, qui, pour quelques petits inconvéniens, commencerait par abattre sa maison, sans avoir pensé à un abri, laissant au hasard le soin de l'en pourvoir.... Au reste, quel ouvrage de l'homme est sans défaut? ajoute le même auteur. Au lieu de relever ceux de Linné avec amertume, de s'y appesantir avec humeur, admirons plutôt le beau génie qui a élevé en si peu de temps la botanique au niveau des autres sciences, et qui, en outre, nous a laissé, par ses excellens préceptes, des moyens de le corriger lui-même [1]. »

Il est d'autant plus important de nous familiariser avec le système sexuel, qu'aujourd'hui la plupart des *Species plantarum* et des flores particulières sont disposées d'après cette classification. Il est bon aussi de connaître la méthode de Tournefort : elle nous apprend à bien distinguer les formes variées de la corolle; elle nous offre de beaux fragmens de familles naturelles. Avec Tournefort, nous formons des bouquets, nous tressons des guirlandes : elles nous servent d'introduction pour assister aux noces des plantes célébrées par Linné au milieu des étamines et des pistils. Il est encore avantageux de faire concourir, pour les plantes de France, la méthode analytique de M. De Lamarck avec celle de Linné. C'est ajouter à nos jouissances que de pouvoir arriver, par des routes différentes, à la connaissance de la même

[1] Voyez le *Botaniste sans maître*, pag. 270 et 296; ouvrage que j'ai déjà cité avec éloge, et dont je ne peux trop conseiller la lecture à tous ceux qui voudront avoir du système de Linné une connaissance plus parfaite, et en saisir le véritable esprit. Ce sont des lettres qui font suite à celles de J.-J. Rousseau, sur la botanique, et dont M. de Clairville a tellement suivi le plan et le style, qu'on y retrouve les aimables leçons de la plume qui a tracé les premières. Cet ouvrage est peu connu : son modeste auteur, qui ne recherche ni la célébrité, ni les prôneurs, vit heureux au milieu des Alpes, dans le sein de la nature, livré tout entier à l'étude de ses plus belles productions. Ainsi a vécu ce respectable pasteur de Martigny, Murith, que la mort a enlevé, il y a peu d'années, aux sciences et à ses amis. Il a publié le *Guide du voyageur dans le Valais*, ouvrage écrit, comme le précédent, avec beaucoup de simplicité, sans prétention, par le seul amour de la science, bien différent de la plupart de ceux que l'on publie dans les grandes villes.

plante : il en résulte un plus grand degré de certitude. Il ne faut pas non plus négliger, à mesure que l'on se familiarise avec les familles naturelles, l'étude des rapports trop souvent interrompus dans les méthodes artificielles : cette douce occupation exerce agréablement nos facultés intellectuelles, surtout si, dans les commencemens, nous pouvons être guidés par quelqu'un qui nous aide dans nos premières recherches.

CHAPITRE ONZIÈME.

Familles naturelles de M. de Jussieu.

L'ÉTUDE des familles naturelles est le complément de la science du botaniste; elle en est le véritable but. Il ne suffit pas, pour être initié dans les mystères de la nature, d'étudier les objets isolément; il faut encore connaître les rapports qui existent entre eux, les lois générales qui les dirigent, cette affiliation admirable qui lie tous les êtres par une gradation presque insensible, enfin la véritable place qu'occupe, dans la longue chaîne des êtres, l'individu que nous examinons.

On conçoit que, pour arriver à ce degré de perfection dans l'étude des plantes, il faut un génie observateur, une longue expérience; qu'il faut avoir beaucoup vu, beaucoup comparé. Il n'est plus possible de suivre ici l'ordre établi dans les méthodes artificielles, plus faciles à la vérité, mais qui, appuyées sur la considération de quelques parties exclusives, se bornent à une classification qui trouble, interrompt presque à chaque pas l'ordre des rapports naturels, et forme souvent, dans le rapprochement des genres, une association monstrueuse, telle que, dans Tournefort, le muguet mis à la suite de la belladone; dans Linné, le safran placé dans la même classe que la valériane, etc.

La famille est donc un groupe de genres liés entre eux par des caractères généraux, comme les espèces le sont dans le genre : ces familles, rapprochées et disposées les unes à la suite des autres d'après leurs rapports plus ou moins prochains ou éloignés, doivent former la *méthode naturelle*, dont l'établissement ne peut être complet qu'autant qu'il n'existera entre les familles aucune interruption, c'est-à-dire qu'elles se suivront de manière à ce que l'on puisse passer successivement de l'une à l'autre par des nuances presque insensibles, et que toutes les plantes connues puissent y trouver place. Ces familles sont fondées particulièrement sur les organes de la reproduction qui ont le plus d'importance, qui offrent les formes les plus constantes, et dont l'influence se fait reconnaître dans presque toutes les autres parties de la plante, telles que la structure de l'embryon et l'insertion des étamines. Ces premières considérations servent au rapprochement des familles; quant aux caractères particuliers qui les constituent, ils se tirent de toutes les parties de la fleur, sans en exclure la considération des autres organes.

La famille est, en quelque sorte, d'autant plus naturelle, qu'elle offre un plus grand nombre de caractères communs dans les genres qui la composent, tels que dans les *labiées*, les *crucifères*, etc., dont les organes de la reproduction ne diffèrent, dans chaque genre, que par des modifications souvent très-légères; tandis que, dans d'autres familles, telles que celle des *capparidées*, les genres qu'elles comprennent n'ont qu'un petit nombre de caractères communs.

Il est extrêmement avantageux, pour la facilité de l'étude, de chercher à établir de grandes divisions primaires et d'autres subdivisions pour la distribution des familles qui ne doivent jamais être éloignées les unes des autres par aucune méthode artificielle. M. de Jussieu les partage en trois grandes séries, à la vérité fort inégales, d'après la *structure de l'embryon*, dans lequel se trouvent renfermées toutes les formes arrêtées par la nature et indiquées par l'absence présumée, la présence et le nombre des cotylédons : d'où résultent les plantes *acotylédones*, *monocotylédones*, *dicotylédones*. Chacune de ces trois grandes divisions amène, dans les plantes adultes, des différences frappantes, toujours faciles à reconnaître, même sans l'inspection des cotylédons.

Portant ensuite son attention sur l'influence que doivent avoir les organes sexuels dans les formes végétales, M. de Jussieu considère la situation des étamines relativement au pistil : il en résulte des modifications assez constantes, qui contribuent au rapprochement des familles et à leur arrangement méthodique. Elles fournissent trois grandes divisions également applicables aux plantes monocotylédones et dicotylédones. Les étamines sont, 1°. *épigynes*, c'est-à-dire insérées sur le pistil; 2°. *hypogynes*, placées sous le pistil ou mieux sur le réceptacle; 3°. *périgynes*, autour du pistil ou insérées sur le calice. En faisant l'application de ces trois divisions aux plantes apétales, monopétales, polypétales, on obtient quinze classes, formant la première avec les plantes *acotylédones*, et la dernière avec les plantes *diclines*, c'est-à-dire qui ont les étamines séparées des pistils dans des fleurs différentes. Depuis la publication de ses familles naturelles, M. de Jussieu a donné à chacune de ses classes un nom particulier relatif aux caractères qui les constituent, ainsi qu'il est exposé dans le tableau suivant :

TABLEAU DE LA MÉTHODE NATURELLE DE M. DE JUSSIEU.

Plantes				CLASSES.
ACOTYLÉDONES				I. ACOTYLÉDONÉES.
MONOCOTYLÉDONES		Étamines hypogynes		II. MONOHYPOGYNÉES.
		— périgynes		III. MONOPÉRIGYNÉES.
		— épigynes		IV. MONOÉPIGYNÉES.
DICOTYLÉDONES	*Apétales*	Étamines épigynes		V. ÉPISTAMINÉES.
		— périgynes		VI. PÉRISTAMINÉES.
		— hypogynes		VII. HYPOSTAMINÉES.
	Monopétales	Corolles hypogynes		VIII. HYPOCOROLLÉES.
		— périgynes		IX. PÉRICOROLLÉES.
		— épigynes	Anthères conjointes	X. ÉPICOROLLÉES SYNANTHÉRÉES.
			Anthères disjointes	XI. ÉPICOROLLÉES CORISANTHÉRÉES.
	Polypétales	Étamines épigynes		XII. ÉPIPÉTALÉES.
		— hypogynes		XIII. HYPOPÉTALÉES.
		— périgynes		XIV. PÉRIPÉTALÉES.
	Diclines irrégulières			XV. DICLINES.

Les quinze classes qui viennent d'être exposées renferment les familles suivantes, que M. de Jussieu avait d'abord bornées à cent, qu'il a augmentées depuis considérablement, et publiées dans différens mémoires, en attendant la nouvelle édition qu'il prépare de son *Genera plantarum*. Je les présente ici telles qu'il les a communiquées à M. Mirbel pour ses *Elémens de physiologie végétale*.

FAMILLES NATURELLES.

I. PLANTES ACOTYLÉDONES.

Classe	Familles	Genres.
CLASSE I. *Acotylédones*....	1. Les algues..........	*Fucus.*
	2. Les champignons.....	*Agaricus.*
	3. Les hypoxylées......	*Verrucaria.*
	4. Les lichens	*Usnea.*
	5. Les hépatiques......	*Marchantia.*
	6. Les mousses	*Polytrichum.*
	7. Les lycopodiacées....	*Lycopodium.*
	8. Les fougères	*Pteris.*
	9. Les cycadées	*Cycas.*
	10. Les équisétacées.....	*Equisetum.*

II. PLANTES MONOCOTYLÉDONES.

Classe	Familles	Genres
CLASSE II. *Monohypogynées*...	12. Les nymphéacées	*Nymphœa.*
	13. Les saururées.	*Saururus.*
	14. Les pipéritées.......	*Piper.*
	15. Les aroïdes.........	*Arum.*
	16. Les typhinées........	*Typha.*
	17. Les cypéracées.......	*Cyperus.*
	18. Les graminées.......	*Triticum.*
CLASSE III. *Monopérigynées*...	19. Les palmiers	*Phœnix.*
	20. Les asparaginées......	*Asparagus.*
	21. Les restiacées......	*Restio.*
	22. Les joncées	*Juncus.*
	23. Les commelinées	*Commelina.*
	24. Les alismacées.......	*Alisma.*
	25. Les colchicées	*Colchicum.*
	26. Les liliacées	*Lilium.*
	27. Les broméliacées...	*Bromelia.*
	28. Les asphodélées......	*Asphodelus.*
	29. Les narcissées	*Narcissus.*
	30. Les iridées	*Iris.*
CLASSE IV. *Monoépigynées*...	31. Les musacées	*Musa.*
	32. Les amomées	*Amomum.*
	33. Les orchidées	*Orchis.*
	34. Les hydrocharidées....	*Hydrocharis.*

III. PLANTES DICOTYLÉDONES.

* *Apétales.*

			GENRES.
CLASSE V. *Epistaminées*	35.	Les aristolochiées	*Aristolochia.*
CLASSE VI. *Péristaminées*	36.	Les osyridées	*Osyris.*
	37.	Les myrobolanées	*Terminalia.*
	38.	Les éléagnées	*Elæagnus.*
	39.	Les thymelées	*Daphne.*
	40.	Les protéacées	*Protea.*
	41.	Les laurinées	*Laurus.*
	42.	Les polygonées	*Polygonum.*
	43.	Les atriplicées	*Atriplex.*
CLASSE VII. *Hypostaminées*	44.	Les amaranthacées	*Amaranthus.*
	45.	Les plantaginées	*Plantago.*
	46.	Les nictaginées	*Mirabilis.*
	47.	Les plumbaginées	*Plumbago.*

** *Monopétales.*

CLASSE VIII. *Hypocorollées*	48.	Les primulacées	*Primula.*
	49.	Les utriculinées	*Utricularia.*
	50.	Les rhinanthées	*Rhinanthus.*
	51.	Les orobanchées	*Orobanche.*
	52.	Les acanthacées	*Acanthus.*
	53.	Les jasminées	*Jasminum.*
	54.	Les verbenacées	*Verbena.*
	55.	Les labiées	*Betonica.*
	56.	Les personnées	*Antirrhinum.*
	57.	Les solanées	*Solanum.*
	58.	Les borraginées	*Borrago.*
	59.	Les convolvulacées	*Convolvulus.*
	60.	Les polémoniacées	*Polemonium.*
	61.	Les bignoniées	*Bignonia.*
	62.	Les gentianées	*Gentiana.*
	63.	Les apocinées	*Apocinum.*
	64.	Les sapotées	*Sapota.*
	65.	Les ardisiacées	*Ardisia.*
CLASSE IX. *Pericorollées*	66.	Les ébénacées	*Diospyros.*
	67.	Les klénacées	*Sarcolæna.*
	68.	Les rhodoracées	*Rhododendrum.*
	69.	Les épacridées	*Epacris.*
	70.	Les éricinées	*Erica.*
	71.	Les campanulacées	*Campanula.*
	72.	Les lobéliacées	*Lobelia.*
	73.	Les stylidiées	*Stylidium.*

Classe	Famille	GENRES.
CLASSE X. *Epicorollées synanthérées* (anthères conjointes).	74. Les chicoracées......	*Cichorium.*
	75. Les cinarocéphales....	*Carduus.*
	76. Les corymbifères.....	*Aster.*
CLASSE XI. *Epicorollées corysanthérées* (anthères disjointes).	77. Les dipsacées........	*Dipsacus.*
	78. Les valérianées......	*Valeriana.*
	79. Les rubiacées........	*Rubia.*
	80. Les caprifoliées......	*Lonicera.*
	81. Les loranthées.......	*Loranthus.*

*** *Polypétalées.*

Classe	Famille	Genres
CLASSE XII. *Epipétalées*.....	82. Les araliacées........	*Aralia.*
	83. Les ombellifères......	*Daucus.*
CLASSE XIII. *Hypopétalées*.....	84. Les renonculacées.....	*Ranunculus.*
	85. Les papavéracées	*Papaver.*
	86. Les crucifères........	*Brassica.*
	87. Les capparidées.....	*Capparis.*
	88. Les sapindées........	*Sapindus.*
	89. Les acérinées........	*Acer.*
	90. Les hippocratées.....	*Hippocratea.*
	91. Les malpighiacées.....	*Malpighia.*
	92. Les hypericées.......	*Hypericum.*
	93. Les guttifères........	*Cambogia.*
	94. Les olacinées.........	*Olax.*
	95. Les aurantiacées......	*Citrus.*
	96. Les ternstromiées.....	*Ternstromia.*
	97. Les théacées.........	*Thea.*
	98. Les méliacées........	*Melia.*
	99. Les vinifères........	*Vitis.*
	100. Les géraniacées.......	*Geranium.*
	101. Les malvacées.......	*Malva.*
	102. Les magnoliacées.....	*Magnolia.*
	103. Les dilléniacées......	*Dillenia.*
	104. Les ochnacées	*Ochna.*
	105. Les simaroubiées.....	*Quassia.*
	106. Les anonées	*Anona.*
	107. Les ménispermées.....	*Menispermum.*
	108. Les berbéridées......	*Berberis.*
	109. Les hermanniées......	*Hermannia.*
	110. Les tiliacées.........	*Tilia.*
	111. Les cistées..........	*Cistus.*
	112. Les violées..........	*Viola.*
	113. Les polygalées.......	*Polygala.*
	114. Les diosmées........	*Diosma.*
	115. Les rutacées	*Ruta.*
	116. Les caryophyllées....	*Dianthus.*

			GENRES.
CLASSE XIV. *Péripétalées*....	117.	Les paronychiées.....	*Paronychia.*
	118.	Les portulacées.......	*Portulaca.*
	119.	Les saxifragées.	*Saxifraga.*
	120.	Les cunoniacées	*Cunonia.*
	121	Les crassulées........	*Crassula.*
	122.	Les opuntiacées......	*Cactus.*
	123.	Les loasées..........	*Loasa.*
	124.	Les ficoïdes..........	*Mesembryanthemum.*
	125.	Les cercodiènes......	*Cercodea.*
	126.	Les onagraires	*Œnothera.*
	127.	Les myrtées.	*Myrtus.*
	128.	Les mélastomées......	*Melastoma.*
	129.	Les lythraires	*Lythrum.*
	130.	Les rosacées..........	*Rosa.*
	131.	Les légumineuses.....	*Pisum.*
	132.	Les térébinthacées ...	*Terebinthus.*
	133.	Les rhamnées........	*Rhamnus.*

**** *Apétales à étamines idiogynes ou séparées du pistil.*

CLASSE XV. *Diclines*.......	134.	Les euphorbiacées....	*Euphorbia.*
	135.	Les cucurbitacées.....	*Cucurbita.*
	136.	Les passiflorées.......	*Passiflora.*
	137.	Les myristicées.......	*Myristica.*
	138.	Les urticées...........	*Urtica.*
	139.	Les monimiées.......	*Monimia.*
	140.	Les amentacées.......	*Salix.*
	141.	Les conifères.......	*Pinus.*

CLASSES DES FAMILLES NATURELLES.

Classe I. Les acotylédonées.

Acotylédones.

Cette classe renferme toutes les plantes que l'on croit privées de cotylédons; quand même elles en seraient pourvues, comme on le soupçonne dans les fougères, les familles qui la composent ne pourraient être mieux placées : on y voit l'organisation végétale dans sa plus grande simplicité, n'offrant qu'une substance presque homogène, un tissu cellulaire uniforme, sans vaisseaux propres ou lymphatiques; point d'organes sexuels distincts. Cette organisation se complique peu à peu à mesure que l'on avance dans la série des familles, ainsi qu'on le verra en passant successivement des algues aux champignons, de ceux-ci aux hypoxylées, puis aux hépatiques, aux mousses, etc.

Ces considérations m'ont déterminé à présenter les caractères de la plupart de ces familles, étant forcé de me borner ensuite, pour les autres, à ne citer qu'une seule famille pour chaque classe, afin de ne pas donner à cet ouvrage une trop grande étendue, qui, d'ailleurs, ne dispenserait pas le lecteur d'étudier l'excellent ouvrage de M. de Jussieu, sur les familles naturelles.

Famille des ALGUES. Les genres qui constituent cette famille renferment des plantes dont les unes se présentent sous la forme de filamens simples ou rameux, ordinairement divisés par cloisons, remplis d'une matière verte, sans tubercules apparens : elles paraissent se reproduire, à peu près comme les polypes, par la séparation de leurs parties : tels sont ces filamens capillaires, souvent entrecroisés, connus sous le nom de *conferves*; ces *nostocs*, substance gélatineuse, sans aucune forme déterminée, dont l'enveloppe verdâtre et membraneuse est remplie d'une sorte de gelée traversée par des filamens très-menus, articulés, tels que le *nostoc en vessie* (pl. 42, fig. 2); ces *byssus* semblables à des duvets poudreux, à des flocons cotonneux; d'autres portent des tubercules qui ne sont quelquefois visibles qu'à l'aide du microscope ou d'une forte loupe. Ces tubercules sont remplis de très-petits globules qu'on a comparés à des capsules, et auxquels on a donné le nom moderne de *gongyles*. Ces plantes, les unes terrestres, les autres aquatiques, sont, en quelque sorte, les premiers linéamens de la végétation : leur mode de reproduction est encore très-peu connu.

Les PLANTES MARINES OU VARECS forment, dans cette famille, une très-longue série, ou plutôt une grande famille particulière que M. Lamouroux a nommée THALASSIOPHYTES dans l'excellent ouvrage qu'il a publié sous le titre d'*Essai sur les genres de la famille des thalassiophytes*. Ces plantes, comparées aux terrestres, offrent dans leur constitution, dans leurs fonctions, dans leur mode de reproduction, des différences très-remarquables, relatives aux lieux de leur naissance et aux circonstances dans lesquelles elles se trouvent : n'ayant point à puiser les principes de leur nourriture dans deux milieux différens, mais plongées constamment dans le même, leur organisation doit être beaucoup plus simple, différemment modifiée. On n'a pu y reconnaître de sève ascendante et descendante : il paraît très-probable qu'elles absorbent leur nourriture par toute leur surface. La plupart des botanistes ne les avaient considérées que comme une simple membrane coriace, comprimée, ramifiée, ou divisée en lanières ou en lobes très-variés; homogène dans toutes ses parties; sans racine, sans tige, sans feuilles ou n'en offrant que l'apparence. M. Lamouroux n'est point de cet avis : l'observation lui a prouvé que leurs tiges, leurs feuilles avaient une organisation particulière. Leur fructification est peu connue; leurs semences, d'après ce même auteur, sont renfermées dans des capsules qui sont elles-mêmes enveloppées dans des membranes particulières; elles forment, par leur réunion, des tubercules plus ou moins nombreux, qu'il ne faut point confondre avec ces vésicules aériennes, que M. Lamouroux considère comme des organes respiratoires (*fucus plocamium*, Lin., pl. 42, fig. 4).

Les LICHENS sont, parmi les plantes terrestres, celles qui se rapprochent le plus des plantes marines : retranchés des *algues*, où ils avaient d'abord été placés, ils constituent aujourd'hui une famille particulière; ils se montrent sous des formes extrêmement diversifiées, tantôt comme des croûtes lépreuses, tuberculées ou farineuses; tantôt comme des expansions coriaces, membraneuses, foliacées, déchiquetées ou lobées. Les uns affectent la forme de petits arbustes à tige simple ou ramifiée; d'autres se présentent sous l'aspect de filets, de cornes, d'entonnoir, etc.; la plupart couvrent les rochers, tapissent les vieux murs, se glissent entre les mousses et le gazon; d'autres croissent sur le tronc des arbres ou pendent en longues barbes de leurs rameaux, ete. (*lichen floridus*, Lin., pl. 42, fig. 3).

L'étude plus détaillée que l'on a faite depuis plusieurs années de ces singuliers végétaux, a occasioné, pour leurs différentes parties, une nomenclature qui, quoique moderne, a déjà éprouvé beaucoup de changemens. Leur feuillage se nomme *thalle;* on donne le nom de *bacilla* ou *podétion* aux supports simples ou rameux qui, dans un grand nombre d'espèces, s'élèvent de la thalle et portent les réceptacles.

Le nom de *réceptacle* ou de *conceptacle*, selon d'autres,

a été donné à ces tubercules, à ces écussons, etc., de formes très-variées, qui se montrent à la face supérieure de la thalle ou à ses bords. Ces réceptacles sont sessiles ou soutenus par un podétion; ils renferment, dans l'intérieur de leur substance ou à leur surface interne, une poussière très-fine qu'on regarde comme les semences.

La famille des HYPOXYLÉES, confondue d'abord avec celle des *algues*, est composée de genres retirés, la plupart, des *lichens* et des *champignons :* c'est annoncer évidemment les rapports des hypoxylées avec ces deux familles. Les hypoxylées renferment des végétaux, parmi lesquels se trouvent les plus petits que l'on connaisse, épars ou plus ordinairement réunis en paquets sur les troncs, les branches et les feuilles de plantes mortes ou vivantes, quelquefois sur les pierres ou sur la terre; de consistance coriace, subéreuse; un grand nombre à peine de la grosseur d'une tête d'épingle, tantôt enchassés dans une thalle pulvérulente, filamenteuse ou solide; tantôt composés du seul réceptacle presque toujours de couleur noirâtre. Ces réceptacles sont ou arrondis, et portent le nom de *sphérules;* ou *oblongs*, ils prennent celui de *livelles :* ils s'ouvrent au sommet par un pore ou une fente; il en sort, à l'époque de la maturité, une pulpe mucilagineuse, qui se réduit, par la sécheresse, en une poussière très-fine, que l'on suppose contenir les semences.

La famille des CHAMPIGNONS, telle qu'on la présente aujourd'hui, n'a point encore de limites bien déterminées : je ne crois pas qu'on puisse y rapporter, comme on l'a fait, les *puccinies*, les *uredo*, etc., très-petites plantes parasites, qui naissent dans le tissu cellulaire des autres plantes, se développent sous leur épiderme, le percent pour répandre leurs semences en dehors. On prend pour telles de petites capsules ou vessies qui, seules, constituent toute la plante, comme dans les *uredo*, ou sont renfermées dans un réceptacle commun, nommé *péridium*, comme dans les *puccinies.*

Les champignons proprement dits sont les uns d'une consistance tendre, poreuse, charnue; d'autres fermes, solides, presque ligneux, de formes très-variées : ils se développent par des expansions lamelleuses en dessous, ou garnies de pointes, de rides, de tuyaux plus ou moins serrés et réunis en masse, tantôt portés sur un pédicule simple ou ramifié, d'autres fois sessiles, sans tiges ni racines apparentes; ils prennent la forme de houpes, de crinières, de branches de corail, de coupes, de globes, de massues, de calottes, de mitres ou d'un disque plane. On donne assez généralement à cette partie du champignon, soit sessile ou pédiculé, le nom de *chapeau* : elle est considérée comme un péridium ou le réceptacle des semences. Avant le développement entier du champignon, une membrane l'enveloppe en totalité; elle se détache du pédicule, se crève, et ses lambeaux subsistent sur les bords et à la surface du chapeau, ou bien elle quitte entièrement le chapeau, reste fixée au pédicule, autour duquel elle forme un anneau. Les semences ou *gongyles* sont placées entre les lames, les tubes, etc., sous la forme de corpuscules arrondis, à peine perceptibles; en général, ces plantes croissent très-vite et durent peu : il en est cependant, telles que les bolets, qui subsistent pendant plusieurs années (*mucor mucedo*, Lin., pl. 42, fig. 1 ; *phallus esculentus*, fig. 5).

Ces végétaux, dénués de tout agrément extérieur, la plupart d'une odeur désagréable, n'habitent point les parterres fleuris : la lumière du soleil leur est nuisible; ils cherchent l'obscurité et les ténèbres. Relégués dans les lieux humides, sur les vieux bois, sur les corps à demi-pourris, dont ils paraissent hâter la décomposition, ils ne se nourrissent qu'au milieu des immondices et de la corruption; quoique leur existence ne soit pas brillante, elle offre cependant des phénomènes assez singuliers, pour que l'observateur aille les visiter sur leur fumier.

La famille des HÉPATIQUES se rapproche des *lichens*, dans beaucoup de ses genres, par des expansions membraneuses et foliacées; mais elle a, avec les mousses, des rapports bien plus nombreux : les sexes commencent à s'y montrer; les organes qui les constituent sont séparés, soit sur le même individu, soit sur des individus distincts. On regarde comme organe mâle des globules remplis d'une liqueur fécondante, ordinairement agglomérés dans un calice sessile : les organes femelles sont nus ou entourés d'une gaîne calicinale, surmontée d'une coiffe membraneuse, s'ouvrant au sommet et non transversalement comme celle des mousses; on y distingue, comme dans le *marchantia polymorpha*, un ovaire arrondi, terminé par un style grêle et un stigmate à peine visible; l'ovaire se convertit en une petite capsule qui se déchire irrégulièrement, ou se divise, de haut en bas, en plusieurs valves : elle renferme un très grand nombre de semences pulvérulentes.

A mesure que nous avançons dans l'ordre naturel des familles, les plantes qui les composent présentent plus de perfection : nous commençons, dans la famille des MOUSSES, par distinguer des racines, des tiges, de véritables feuilles, des organes de fructification bien plus apparens, des sexes distincts, mais sur lesquels l'on n'est pas généralement d'accord.

On remarque, dans la plupart, des *étoiles en rosettes*, composées d'un ou de plusieurs rangs de petites écailles imbriquées, ordinairement sessiles, réunies sur le même individu, ou placées sur des individus différens, apparentes dans beaucoup d'espèces, à peine visibles dans d'autres. Cet organe est composé de très-petits utricules pédicellés, entremêlés de filamens articulés, le tout réuni sous la forme d'un bouton, environné, en dehors, de petites écailles qui tiennent lieu de calice, et forment, par leur épanouissement, ces rosettes en étoiles dont j'ai parlé plus haut. Hedwig pense que toutes les espèces de mousses ont de semblables étoiles, quoiqu'elles ne soient pas toujours visibles; il regarde comme *organes mâles* ces utricules qu'il dit être pleins d'une liqueur fécondante qui sort par une ouverture située à leur sommet; la fécondation est facilitée par les filets articulés.

Sur le même ou sur des individus séparés, existent des fleurs femelles, qui se montrent d'abord, sous une forme très-petite, comme autant de corpuscules cylindriques avec des filamens articulés : on regarde ces corpuscules comme autant de pistils. Un seul est ordinairement fécondé : alors le pédicelle imperceptible qui soulevait l'ovaire, s'allonge, pousse le jeune fruit hors d'un involucre composé de plusieurs folioles très-petites, imbriquées, qui ont reçu le nom de *périchet;* l'ovaire est oblong, le style grêle, le stigmate évasé. A mesure que le fruit grossit, après la fécondation, le pédicule s'allonge, laisse le périchet à sa base, se termine par une espèce d'*urne* ou de *capsule* à une loge, traversée, de la base au sommet, par un axe nommé *columelle;* recouverte par une *coiffe* membraneuse, caduque, qui a la forme d'un bonnet pointu ou d'un éteignoir. L'orifice de la capsule se nomme *péristome;* il est souvent entouré d'un anneau élastique, toujours recouvert d'un opercule caduc : ce péristome est tantôt nu, tantôt bordé d'une ou de deux rangées de dents de formes variées. Cette urne est quelquefois posée sur un *apophyse*, sorte de renflement charnu : l'intérieur de l'urne est rempli de grains nombreux, pulvérulens, qui sont de véritables semences : répandues sur la terre, elles y germent. Hedwig, qui a suivi leur développement, y a observé une radicule et une plumule avec la plupart des autres phénomènes qui accompagnent la germination. Telle est l'opinion d'Hedwig sur les organes sexuels des mousses, opinion aujourd'hui la plus généralement adoptée, quoiqu'elle contredise celle de Linné, et qu'elle soit elle-même rejetée par quelques auteurs modernes (*sphagnum capillifolium*, Hedw., pl. 42, fig. 6).

La famille des LYCOPODIACÉES ne tient que faiblement à celle des mousses : elle s'en éloigne par les organes de la reproduction; mais elle s'en rapproche par le port, par la forme, la distribution des feuilles, par le lieu natal. Les lycopodiacées aiment l'ombre des forêts, l'humidité et les pays froids; elles portent des réceptacles axillaires, à une, deux ou trois loges remplies de séminules, groupées trois à trois, quatre à quatre : une multitude de très-petits corpuscules sphériques s'échappent en abondance sous la forme d'une poussière extrêmement fine, qui, dans quelques espèces, s'embrase, et répand une lumière éclatante si on la jette sur un corps enflammé.

Parvenus à la famille des FOUGÈRES, nous sommes déjà loin de ces premières plantes qui ne sont, en quelque sorte, que de simples ébauches de la végétation. Si elles n'ont pas encore tous les organes qui constituent ces végétaux que nous regardons comme les plus parfaits; si elles sont privées de véritables fleurs, elles s'en rapprochent par leur port, l'élégance et la grandeur de leur feuillage; par leur élévation qui les assimile souvent à des palmiers d'un ordre inférieur.

Les unes ont une racine chevelue, d'où sortent des feuilles en touffes; d'autres sont pourvues d'une souche rampante ou sarmenteuse, qui, dans plusieurs espèces des régions équinoxiales, s'élève quelquefois en une sorte de tige arborescente, marquée de larges cicatrices produites par la chute des feuilles inférieures. Lorsque ces feuilles sortent de terre, elles sont roulées en crosse sur elles-mêmes, recouvertes d'écailles membraneuses, qui remplissent, à leur égard, les mêmes fonctions que les stipules dans les bourgeons.

Les organes de la reproduction sont très-remarquables dans les fougères : ils naissent sur la face inférieure de la feuille, le long des nervures ou à leur extrémité; ils y forment, par leur réunion, des globules, des taches, des lignes de différentes formes, variables dans leur nombre, leur grandeur, leur composition. On donne à ces taches le nom moderne de *sores* (sori) : ils se développent sous l'épiderme et quelquefois en soulèvent de petites portions qui tiennent lieu d'involucre, et auxquelles on donne le nom d'*indusies* (*indusiæ*). Ces sores ou taches sont nus, ou recouverts d'un opercule, ou entourés d'un anneau élastique; ils renferment de très-petites capsules groupées ensemble, qui se déchirent à leur sommet ou s'ouvrent en une ou deux valves, et laissent échapper des semences extrêmement fines : semées sur une terre humide, elles lèvent avec un cotylédon latéral. Ce cotylédon se développe en une petite foliole verte, appliquée sur la terre, s'y attachant par un chevelu très-délié, qui part d'un des points de son contour, et d'où, en même temps, s'élève la plumule (*polypodium vulgare*, pl. 42, fig. 7).

La famille des SALVINIÉES, celle des ÉQUISÉTACÉES, n'ont pas encore de place bien déterminée. A la vérité, la première a quelques rapports avec les *fougères;* mais la seconde n'est essentiellement liée avec aucune autre de cette classe, que par des caractères très-généraux dans sa fructification : elle semble se rapprocher davantage, par son port et son organisation, des dicotylédons, et s'éloigner très-peu des *casuarina;* mais ses fruits s'opposent à cette réunion.

Classe II. MONOCOTYLÉDONES.

Monohypogynées.

Dans cette seconde classe, commence la série des plantes monocotylédones : elles offrent un système d'organes plus étendu que dans les acotylédones [1]. Les sexes, si difficiles à distinguer dans la première classe, même dans les plantes

[1] Quand même il se trouverait, dans quelques-unes de ces familles, des plantes à deux cotylédons, ainsi qu'on croit l'avoir observé, elles n'appartiendraient pas moins à cette division par l'ensemble de leurs ca-

qu'on en croit pourvues, se reconnaissent ici très-distinctement dans les étamines et les pistils, ou réunis dans les mêmes fleurs (les hermaphrodites), ou, plus rarement, placés dans des fleurs ou sur des individus séparés (les monoïques et dioïques). La semence, confiée à la terre, développe, au moment de la germination, dans la plantule attachée latéralement au cotylédon, une radicule et une plumule : celle-ci s'annonce par une seule feuille; celles qui se montrent ensuite avec la tige, sont toujours alternes, ainsi que toutes les autres parties de la plante, sans en excepter les pièces des enveloppes florales, quoique en apparence opposées. Cette enveloppe est toujours unique.

Les MONOHYPOGYNÉES ont les étamines ordinairement en nombre déterminé, insérées sur le même réceptacle que le pistil; l'enveloppe florale est assez généralement composée d'écailles ou de paillettes; dans d'autres, elle est remplacée par une spathe; l'ovaire est supérieur, surmonté d'un ou de plusieurs styles, quelquefois de stigmates sessiles; le fruit est uniloculaire, à une ou plusieurs semences, ou bien il consiste en une seule semence nue en apparence (*caryopse* de Richard, les *graminées*), ou recouverte d'une enveloppe coriace, indéhiscente (*akène* de Richard, les *cypéracées*) (voyez *triticum sativum*, pl. 43, et *arum dracunculus*, pl. 43 *bis*[1]).

Classe III. MONOCOTYLÉDONES.

Monopérigynées.

Dans les MONOPÉRIGYNÉES, les étamines sont placées autour du pistil, insérées sur l'enveloppe florale, à la base ou

ractères. C'est par la même raison que les fougères, quoique pourvues d'un cotylédon, doivent rester parmi les acotylédones.

[1] Des auteurs modernes croient qu'il existe deux cotylédons dans plusieurs graminées, peut-être dans toutes; que l'un des deux avorte constamment, et que l'on en découvre le rudiment dans un grain de froment. Il paraît que cette observation avait été faite par Linné : on trouve dans ses *Aménités académiques*, vol. v, *Panis diæteticus*, le passage suivant: *Quando crescere incipit granum, unicum protrudit folium, inde gramina et cerealia inter monocotyledones numerant botanici. Horum enim graminum cotyledon alter non explicatur, sed complicatus manet, aquam exsorbet, quæ solvitur in emulsionem seu lac, quo velut fœtus tenellus nutritur, usque dum in terrâ sese explicuerit radix, ut herbæ nutriendæ sufficiat.*

vers les bords, opposées à ses divisions. Cette enveloppe porte le nom de calice dans Jussieu, celui de corolle dans d'autres auteurs; elle est ou d'une seule pièce, tubulée, ou profondément partagée en plusieurs découpures, supérieure ou inférieure à l'ovaire, quelquefois accompagnée d'une spathe partielle pour chaque fleur, ou d'une universelle, enveloppant les fleurs avant leur épanouissement. Ces fleurs renferment un ou plusieurs ovaires surmontés d'autant de styles, de stigmates et de capsules : celles-ci sont uniloculaires, monospermes ou polyspermes, s'ouvrant intérieurement en deux valves; les semences attachées au bord de ces valves.

Dans les fleurs à un seul ovaire (ce sont les plus nombreuses), le style est simple ou triple, quelquefois nul; le stigmate simple ou divisé. Le fruit consiste en une baie ou une capsule à trois loges, une ou plusieurs semences dans chaque loge; quelquefois il ne reste qu'une seule semence par l'avortement des deux autres. Dans les baies, les semences sont attachées à l'angle interne des loges; dans les capsules, ordinairement à trois valves, elles sont insérées sur les bords d'un réceptacle saillant, qui constitue une cloison dans chaque valve qu'il sépare en deux; l'embryon est fort petit, muni d'un périsperme corné, assez grand (*narcissus jonquilla*, pl. 44, et *gladiolus communis*, pl. 44 *bis*).

Classe IV. Monocotylédones.

Monoépigynées.

Cette classe, très-rapprochée de la précédente, s'en distingue par la position des étamines placées sur l'ovaire ou sur le style, et toujours en nombre défini. L'ovaire est solitaire, inférieur, muni très-ordinairement d'un seul style et d'un stigmate simple ou divisé; le fruit consiste en une baie ou une capsule à une ou à plusieurs loges (*ophrys aranifera*, pl. 45).

Classe V. Dicotylédones apétales.

Epistaminées.

J'ai exposé ailleurs la différence qui existait entre les

plantes monocotylédones et les dicotylédones; je ferai remarquer ici et je prouverai plus bas que cette troisième et dernière division renferme les plantes douées du système organique le plus complet : c'est là seulement que nous trouvons ces grands végétaux ligneux chargés de branches et de rameaux, produisant annuellement des boutons nombreux, qui réparent les pertes de l'année précédente, et donnent au végétal toute la plénitude de grandeur qu'il doit avoir. Cette grande division contient au moins les quatre cinquièmes de tous les végétaux connus. M. de Jussieu a senti la nécessité d'y établir de nouvelles coupes, fondées sur la présence, l'absence et la forme de la corolle : d'où sont résultées les *apétales*, les *monopétales* et les *polypétales*. A chacune de ces sous-divisions, s'applique la triple insertion des étamines, comme dans les *monocotylédones*.

Dans les ÉPISTAMINÉES, le calice (la corolle, selon d'autres) est d'une seule pièce; les étamines, en nombre défini, sont insérées sur le pistil; l'ovaire est inférieur; le style presque nul; le stigmate simple ou divisé; le fruit consiste en une baie ou une capsule à une ou à plusieurs loges (*aristolochia clematitis*, pl. 46).

Classe VI. DICOTYLÉDONES APÉTALES.

Péristaminées.

Cette classe des PÉRISTAMINÉES est caractérisée par les étamines attachées à l'orifice du calice, en nombre défini ou indéfini. Le calice est d'une seule pièce, entier ou à plusieurs divisions; quelquefois des écailles presque pétaliformes sont attachées à son bord; l'ovaire est supérieur ou inférieur, ou seulement recouvert par le calice, avec un ou plusieurs styles, et un stigmate simple ou divisé, quelquefois sessile; le fruit est monosperme, rarement polysperme, ou bien c'est une semence nue, supérieure (*daphne cneorum*, pl. 47).

Classe VII. DICOTYLÉDONES APÉTALES.

Hypostaminées.

Les HYPOSTAMINÉES ont un calice entier ou composé de

plusieurs pièces; très-ordinairement elles n'ont point de corolle; quelquefois celle-ci est remplacée par des écailles hypogynes, portant les étamines, ou alternes avec elles; quelquefois aussi on y distingue un tube corollaire, chargé ou non chargé des étamines. Celles-ci sont insérées sur le réceptacle, au-dessous du pistil; elles ont leurs filamens libres ou monadelphes. L'ovaire est simple, supérieur, surmonté d'un ou de plusieurs styles, et d'un stigmate simple ou divisé, quelquefois sessile; le fruit consiste en une seule semence ou en une capsule à une ou deux loges, monosperme ou polysperme (*amaranthus sanguineus*, pl. 48, et *plantago media*, pl. 49).

Classe VIII. Dicotylédones monopétalées.

Hypocorollées.

Nous voici arrivés aux plantes à fleurs complettes, c'est-à-dire composées d'un calice, d'une corolle, d'étamines et de pistils. Les fleurs monopétalées se divisent en trois classes établies d'après l'insertion de la corolle comparée à celle du pistil.

Dans les hypocorollées, le calice est monophylle; la corolle monopétale, régulière ou irrégulière, placée sur le réceptacle, au-dessous du pistil; les étamines sont en nombre défini, insérées sur la corolle, alternes avec ses divisions quand celles-ci sont en même nombre que les étamines; l'ovaire est simple, supérieur, quelquefois double (dans les apocinées); le style simple; le stigmate simple ou divisé; le fruit est supérieur, consistant en semences nues au fond du calice, ou bien renfermées dans un péricarpe capsulaire ou en baie, à une ou à plusieurs loges (*convolvulus arvensis*, pl. 49).

Classe IX. Dicotylédones monopétalées.

Péricorollées.

Les péricorollées ont un calice monophylle, quelquefois profondément découpé; une corolle monopétale, quelquefois à divisions très-profondes, régulière, rarement irrégulière, insérée sur le calice; les étamines attachées à la corolle ou au calice, en nombre défini, rarement indéfini; l'ovaire est simple, supérieur ou inférieur, muni d'un seul style et d'un stigmate simple ou divisé; le fruit est une baie ou une capsule à une seule ou à plusieurs loges (*erica cinerea*, pl. 50).

Classe X. Dicotylédones monopétalées.

Epicorollées synanthérées (anthères conjointes).

Cette classe renferme les fleurs *composées proprement dites*, nommées *syngénèses* par Linné, *synanthérées* par un auteur moderne : ces fleurs sont tubuleuses, réunies plusieurs ensemble dans un involucre ou un calice commun, placées sur le même réceptacle nu ou bien chargé de paillettes ou de poils. On considère, comme calice partiel, l'aigrette qui couronne la semence, en y comprenant la partie inferieure qui lui sert de tégument. La corolle est épigyne, placée sur le pistil; elle est ou *flosculeuse*, pourvue d'un tube dont le limbe se divise en cinq segmens assez réguliers, ou *semi flosculeuse* quand le tube, ordinairement très-court, se prolonge d'un seul côté en une lanière entière ou dentée à son sommet; les étamines sont au nombre de cinq, réunies en tube par leurs anthères; les filamens libres, insérés sur la corolle; un seul ovaire placé sur le réceptacle commun; un style qui traverse le tube des étamines, et se termine par deux (rarement un) stigmates saillans, divergens; une semence nue ou couronnée par une aigrette; l'embryon est dépourvu de périsperme; la radicule inférieure; le même involucre renferme tantôt des fleurs toutes flosculeuses ou toutes semi-flosculeuses, tantôt des fleurs flosculeuses dans le centre, des semi-flosculeuses à la circonférence (*chrysanthemum prœaltum*, pl. 51).

Classe XI. Dicotylédones monopétalées.

Epicorollées corysanthérées (anthères disjointes).

Parmi les familles qui entrent dans la composition de cette classe, il en est, telles que les *scabieuses*, dont les fleurs sont *agrégées*, réunies plusieurs ensemble dans un involucre commun : on les nomme encore *fausses composées*, chaque fleur ayant un calice propre et les étamines libres : elles renferment aussi la belle et nombreuse famille des *rubiacées.*

Le calice propre est monophylle; la corolle monopétale, quelquefois presque polypétale, ses pièces n'étant réunies que par leur base; très souvent régulière, attachée sur le pistil; les étamines sont en nombre défini; les filamens insérés sur la corolle; les anthères distinctes; l'ovaire simple, inférieur, surmonté d'un, quelquefois de plusieurs styles et d'autant de stigmates; la semence, ou plus ordinairement le fruit, est inférieure, capsulaire ou en baie, à une ou plusieurs loges; une ou plusieurs semences (*asperula arvensis*, pl. 52).

Classe XII. Dicotylédones polypétalées.

Epipétalées.

Cette classe, la première des fleurs polypétalées, renferme presque uniquement la famille si naturelle des *ombellifères.* Le calice est monophylle; la corolle composée de plusieurs pétales, très-ordinairement au nombre de cinq, attachés sur un limbe glanduleux qui entoure l'ovaire; même insertion, même nombre pour les étamines alternes avec les pétales; un ovaire simple, inférieur, surmonté de deux styles, quelquefois plus; autant de stigmates et de semences nues, ou quelquefois renfermées dans un péricarpe partagé en autant de loges qu'il y a de semences; l'embryon est fort petit, situé au sommet d'un périsperme ligneux (*tordylium maximum*, pl. 53).

Classe XIII. Dicotylédones polypétalées.

Hypopétalées.

De grandes et nombreuses familles sont renfermées dans cette classe. Le calice, rarement nul, est d'une seule pièce ou composé de plusieurs pièces; les pétales sont en nombre défini, rarement indéfini, insérés sous le pistil ou sur le réceptacle, quelquefois rapprochés, par leur base, de manière à représenter une corolle monopétale; les étamines en nombre défini ou indéfini, placées sur le réceptacle; les filamens libres, quelquefois réunis en tube, plus rarement en plusieurs paquets; l'ovaire supérieur; plusieurs réunis en un seul ou quelquefois séparés; un seul ou plusieurs styles, quelquefois nul; autant de stigmates; le fruit supérieur, simple, à une ou à plusieurs loges, ou plusieurs fruits sur le même réceptacle, renfermés chacun dans un péricarpe uniloculaire (*ranunculus flammula*, pl. 54).

Classe XIV. Dicotylédones polypétalées.

Péripétalées.

Le calice est monophylle, divisé seulement à son sommet, ou partagé en découpures profondes; la corolle située au fond ou à l'orifice du calice, quelquefois nulle, plus rarement monopétale par l'adhésion des pétales entre eux; les étamines en nombre défini ou indéfini, quelquefois réunies par leurs filamens; l'ovaire est supérieur, simple, rarement inférieur, ou plusieurs ovaires supérieurs, munis chacun d'un ou de plusieurs styles, ou bien surmontés d'un stigmate sessile, entier ou divisé; le fruit est tantôt unique, supérieur ou inférieur, à une ou à plusieurs loges; tantôt, mais rarement, plusieurs fruits supérieurs, munis chacun d'un péricarpe uniloculaire; les sexes sont quelquefois distincts par avortement (*lathyrus odoratus*, pl. 55).

Classe XV. Dicotylédones apétalées.

Diclines.

Les classes précédentes renferment des fleurs toutes hermaphrodites; s'il s'en trouve quelques-unes d'unisexuelles, la plupart ne le sont que par avortement, et très-souvent on y trouve le rudiment du sexe avorté; s'il s'y rencontre quelques véritables *diclines* ou à sexes séparés, elles n'y ont été placées que d'après les rapports nombreux qu'elles présentent avec les caractères de la famille dans laquelle elles se trouvent.

On conçoit que, dans les fleurs à sexes séparés, il n'est

plus possible d'employer, comme on l'a fait pour les classes précédentes, la situation des étamines par rapport au pistil : il ne restait donc d'autre moyen, pour placer convenablement les diclines, que de les réunir dans une classe particulière, ainsi que l'a fait M. de Jussieu.

Dans cette classe, les fleurs sont ou *monoïques*, les fleurs mâles séparées des femelles sur le même individu, ou *dioïques*, les fleurs mâles séparées des femelles sur des individus distincts, ou quelquefois *polygames*, lorsqu'il se trouve des fleurs hermaphrodites parmi des fleurs unisexuelles. Dans toutes ces plantes, le calice est monophylle ou remplacé par une écaille : il n'y a point de corolle ; mais elle est assez souvent représentée par des écailles ou par les divisions intérieures et pétaliformes du calice ; les étamines sont placées ou au fond du calice ou à son orifice ; elles sont en nombre défini, plus souvent indéfini ; les filamens libres ou quelquefois réunis en forme de pivot central ; les fleurs femelles renferment un ou plusieurs ovaires supérieurs, quelquefois inférieurs, avec un ou plusieurs styles et autant de stigmates quelquefois sessiles ; le fruit est très-variable dans ses formes et le nombre de ses loges (*broussonetia papyrifera*, pl. 56, et *passiflora alata*, pl. 56 *bis*).

CHAPITRE DOUZIÈME.

Observations sur la méthode et les familles naturelles.

Je viens d'exposer, dans le Tableau des familles naturelles, le degré de perfection le plus élevé auquel la science soit parvenue pour la classification des végétaux ; mais cette classification n'est encore qu'un essai qui semble nous tracer la marche que nous avons à suivre pour parvenir, s'il est possible, à l'établissement d'une méthode naturelle, ou plutôt à la détermination de la place que chaque plante, d'après ses caractères et ses rapports, doit occuper au milieu des nombreuses espèces qui couvrent la surface du globe. Si nous étions arrivés à ce point ; si chacune des plantes que nous connaissons avait sa place tellement déterminée, qu'il fût impossible de la transporter ailleurs, nous aurions atteint le but ; mais deux grands obstacles s'y opposent : 1°. il est des plantes qui, par leurs caractères, militent entre plusieurs groupes, et nous laissent incertains sur celui auquel elles appartiennent. Notre choix, dans ce cas, dépend de l'importance que nous attachons aux divers attributs qui les rapprochent de l'un plutôt que de l'autre. 2°. Un grand nombre de plantes nous étant encore inconnues, nous supposons que celles que nous ne pouvons placer avec certitude, le seraient par les rapports que pourraient nous offrir celles qu'on parviendrait à découvrir. C'est ainsi que nous nous sommes livrés à l'idée séduisante de pouvoir un jour remplir les vides qui existent entre plusieurs genres et familles, que jusqu'alors nous n'avons pu coordonner que d'après un ordre artificiel.

Ce but est louable, sans contredit ; mais je doute qu'on puisse jamais former, parmi les familles, un ordre gradué et en même temps naturel, excepté peut-être entre quelques coupes très-étendues. Mais quand ensuite on pénètre dans les nombreuses familles qui les composent, la ligne droite est interrompue ; elle se divise en une foule de ramifications qui, elles-mêmes, se subdivisent presque à l'infini, et se terminent brusquement, sans pouvoir se rattacher à cette série continue dans laquelle on voudrait, à ce qu'il paraît, faire consister la méthode naturelle : en supposant même qu'elle puisse avoir lieu dans ce sens, dès lors toutes nos divisions disparaîtraient; des passages presque insensibles ne nous permettraient aucune coupe tranchée ; il nous faudrait toujours, pour les établir, avoir recours à des points de repos, à des coupes nombreuses et arbitraires : autrement, il nous serait impossible de nous reconnaître au milieu de cette suite non interrompue de végétaux.

Il n'est cependant pas moins vrai que, dans les productions naturelles, tout est lié, et qu'on a dit, avec raison, que la nature n'avait point de passages brusques : *Natura non facit saltus;* mais ce principe doit s'appliquer aux grandes masses, et non aux familles, aux genres, aux espèces, qui ne sont, la plupart, que des coupes de convention. La série dont nous parlons doit être telle, qu'en plaçant, au degré le plus bas de la chaîne des végétaux, ceux dont l'organisation est la plus simple, nous puissions la prolonger sans interruption, en mettant à la suite les végétaux dont l'organisation est graduellement plus composée, de manière à ce que cette chaîne soit terminée par les plantes les plus parfaites. Or, cette gradation ne peut exister que dans le nombre ou la perfection des organes essentiels : il faut qu'un groupe, une famille, un genre, etc., quel que soit le nom imposé à nos divisions; il faut, dis-je, qu'un de ces groupes, qui succède à un autre, possède une perfection de plus que celui qui le précède, une de moins que celui qui lui succède : d'où il arriverait que, si le règne végétal était, par exemple, distribué en cent familles, la dernière devrait l'emporter de cent degrés de perfection sur la première.

Il serait superflu de m'arrêter à prouver l'impossibilité de cet arrangement pour les objets de details; mais nous le reconnaissons dans les grandes masses. C'est ainsi que les *conferves*, les *nostocs*, les *byssus*, placés au degré le plus bas, ne sont, pour ainsi dire, par la simplicité de leurs organes, qu'une ébauche de la végétation : ils ne s'offrent à nos regards que comme des filamens simples ou articulés, nus dans les uns (les *conferves*), pourvus, dans d'autres, d'une enveloppe gélatineuse (les *nostocs*), se reproduisant, à ce qu'il paraît, par la séparation de leurs parties, ainsi qu'il arrive pour les polypes parmi les animaux.

Les plantes marines (les *thalassiophytes*), un peu plus parfaites, nous offrent, dans une substance membraneuse et comme foliacée, des espèces de tubercules internes ou externes, d'où s'échappent de petits grains (des *gongyles*) qui paraissent destinés à perpétuer les espèces.

Il est à remarquer que ces plantes, ainsi que les animaux du dernier ordre, croissent toutes dans l'eau, ou entourées d'une atmosphère très-humide, leur extrême délicatesse ne leur permettant pas de vivre dans un air trop sec, et de supporter l'action immédiate des rayons du soleil : d'ailleurs il est reconnu que tous les êtres organiques existent d'abord dans un fluide aqueux, et qu'ils sont, dans leur premier état, d'une consistance muqueuse ou gélatineuse. Ainsi, le bois le plus dur est produit par cette matière mucilagineuse (le *cambium*) qui suinte à travers les membranes des végétaux, et renferme les premiers linéamens de leurs organes, comme le sang, dans les animaux, renferme les principes de leur chair : point de chairs sans le sang, point de parties végétales sans mucilage.

A la suite des plantes marines, se montre la famille nombreuse des *champignons*, d'une consistance plus solide, subéreuse ou charnue, dans lesquels on a découvert, à l'aide du microscope, des globules qu'on soupçonne être des semences ou des capsules qui les renferment. La plupart vivent hors des eaux, mais dans des lieux humides et obscurs.

Il en est à peu près de même de la famille des *lichens*, parmi lesquels commence à paraître une foliation membraneuse et des réceptacles particuliers, en forme d'écussons ou de tubercules qui contiennent des semences d'une finesse extrême.

L'organisation est plus étendue dans la famille des *hépatiques ;* leurs expansions foliacées, assez semblables à celles des lichens, approchent davantage des feuilles proprement dites; deux sortes d'organes, ou séparés, ou réunis sur le même pied, offrent les premiers indices de deux sexes : d'une part, des globules remplis d'une liqueur fécondante; de l'autre, des capsules renfermant des semences souvent attachées à des filamens élastiques roulés en spirale. Ces plantes naissent aussi dans les lieux humides et ombragés.

De véritables feuilles, des tiges simples ou rameuses se présentent dans les *mousses*, parmi lesquelles on distingue les deux organes sexuels, l'organe mâle en forme d'utricules remplis d'une poussière très-fine, entouré de petites folioles qui s'ouvrent en rosette; l'organe femelle qui consiste, lorsqu'il est parvenu à son entier développement, en une urne composée elle-même de plusieurs pièces remarquables (voyez, plus haut, pag. 148).

La végétation est bien plus développée, plus vigoureuse dans les *fougères* : celles-ci semblent former l'anneau qui unit les plantes acotylédones avec les monocotylédones; elles tiennent aux premières par leur fructification, aux secondes par la structure de leur embryon. Les *lycopodes* les suivent, mais en se montrant avec une fructification plus apparente, ainsi que les *prêles* qui, au milieu des organes apparens de leur reproduction, nous laissent encore des doutes sur le mode de leur fécondation.

Telle est, en grande partie, la série naturelle de ces familles que Linné a comprises sous le nom de *cryptogames*, et que M. de Jussieu a renfermées dans les plantes acotylédones. Si nous pouvions suivre le même ordre pour les autres plantes, la méthode naturelle serait presque trouvée, et nous approcherions de cette série qui doit en faire le caractère; mais nous en sommes encore bien éloignés! Cependant les monocotylédones nous feront encore faire quelques pas sur cette même ligne.

Les plantes monocotylédones présentent, dans leurs parties sexuelles, une organisation plus complette que les acotylédones : c'est dans le fond de leur calice ou dans leur corolle empourpree que s'exécutent, sous nos yeux, ces merveilles, si long-temps méconnues, de la fécondation des germes. Un nuage pulvérulent s'échappe des anthères et se précipite sur le stigmate; mais ces fleurs n'ont constamment qu'une seule enveloppe florale, à laquelle les uns donnent le nom de calice, d'autres celui de corolle : ces derniers regardent, comme un calice particulier à ces fleurs, la spathe qui, très ordinairement, les enveloppe. Les tiges, la disposition de la moelle, celle des feuilles, le développement toujours alterne de leurs parties, ainsi que la structure de leur embryon, les distinguent des dicotylédones, et les tiennent au dessous, mais en même temps les placent au-dessus des acotylédones.

Les *palmiers* ouvrent la série des monocotylédones : d'une

part, ils se lient, par leur port, avec les fougères en arbre; de l'autre, avec les grandes graminées, telles que les bambous. Quoique leurs fleurs aient une modification différente, peut-être plus parfaite que celle des graminées, il existe, entre ces deux familles, de si grands rapports, qu'il est difficile de les tenir éloignées l'une de l'autre.

Dans les graminées, les enveloppes florales sont constituées par des écailles qui protégent les parties sexuelles, et quelquefois même persistent sur les semences; celles-ci sont dépourvues de péricarpe; elles n'ont d'autre enveloppe que la mince pellicule qui les recouvre et y adhère. Deux valves calicinales, en quelque sorte *spathacées* et persistantes, renferment, avant l'épanouissement, les fleurs du même épillet.

Les *cypéracées* s'éloignent peu des graminées; mais leurs fleurs sont accompagnées chacune d'une seule écaille, et leurs semences ont une enveloppe coriace, crustacée ou membraneuse; la gaîne de leurs feuilles est toujours entière et non fendue dans sa longueur comme celle des graminées.

Vient ensuite la famille des joncs, les *joncées*, les *restiacées*, intermédiaire entre les graminées et les liliacées : elles se rapprochent des premières par leur port, par leur enveloppe florale; mais leur péricarpe ou leurs fruits capsulaires nous conduisent aux *liliacées*.

Sous le nom général de *liliacées*, employé par Tournefort et plusieurs autres dans un sens très-étendu, sont comprises plusieurs familles qu'on ne peut éloigner les unes des autres, mais dont il serait plus difficile d'assigner la gradation. Quoiqu'elles renferment des plantes à fleurs, la plupart brillantes de beauté, les plus propres à fixer nos regards par l'élégance de leurs formes et l'éclat de leurs couleurs, elles n'ont encore qu'une enveloppe florale, et manquent de plusieurs organes dont sont douées la plupart des plantes dicotylédones.

C'est dans ces dernières seules que se trouvent les végétaux les plus parfaits, les plus composés. Cette division renferme le plus grand nombre de plantes, les familles les plus nombreuses; mais c'est aussi à cette même division, à ce vaste groupe que se termine cette série graduée dont il est ici question. Quelques efforts que l'on fasse, on ne parviendra jamais à l'établir telle que nous l'avons observée dans les familles précédentes.

Si l'on avait pour but de rechercher cet ordre de gradation que la nature semble avoir établi dans toutes ses productions, il faudrait partager ces premiers groupes que je viens d'indiquer, en ramifications considérées sous différens rapports, dont les principaux consistent, 1°. dans la consistance des plantes; 2°. dans leur durée; 3°. dans leur composition; 4° dans leurs moyens de multiplication, etc. C'est en suivant ces différentes ramifications qu'on trouverait l'application de ce principe, que la nature n'a point de passage brusque : *Natura non facit saltus*. En effet, si nous considérons les plantes relativement à leur consistance, nous passerons graduellement de la plante muqueuse, gélatineuse, herbacée, sous-ligneuse, jusqu'à celle qui produit le bois le plus dur; nous obtiendrons le même ordre dans la durée depuis la plante qui n'existe que quelques jours, jusqu'à celle qui prolonge son existence pendant une longue suite de siècles. Que de degrés dans la grandeur, à partir de la plante d'environ une ligne de diamètre jusqu'aux arbres les plus élevés de nos forêts! La considération la plus importante est, sans contredit, celle de leur composition; mais même dans ce cas il faudrait réformer ou supprimer la plupart de nos genres, de nos familles. Une plante herbacée qui périt tous les ans, et qui n'a de moyens de reproduction que ses seules semences, peut-elle être placée sur la même ligne, dans le même genre qu'une plante ligneuse, qu'un arbre qui, sans parler de ses autres attributs, jouit de la faculté de se multiplier non-seulement par ses semences, mais encore par les nombreux boutons qu'il produit tous les ans, par les drageons de ses racines, par la greffe, les marcottes, les boutures, etc.? Voila bien, selon moi, toutes choses égales d'ailleurs, les végétaux les plus parfaits, et l'on conçoit qu'avant l'établissement si nécessaire de nos méthodes modernes, ce n'était pas sans raison que les anciens botanistes s'étaient tous accordés à séparer les arbres des herbes; mais l'on conçoit en même temps que suivre cette marche pour la distribution méthodique des plantes, ce serait faire rentrer la botanique dans son premier chaos [1]. Il nous faut des méthodes; et tel nom qu'on veuille leur imposer, il ne

[1] *Cavendum ne imitando naturam, filum ariadneum amittamus*, Lin. *Phil. bot.*, n°. 160.

peut y en avoir que d'artificielles : j'en dis autant pour la plupart des genres et un grand nombre des familles.

Ce que nous pouvons faire de mieux est de nous rapprocher le plus possible, dans nos distributions méthodiques, de l'ordre de la nature : c'est dans cette vue que les genres ont été réunis en familles, et qu'on a cherché ensuite, dans le rapprochement de ces familles entre elles, à former des coupes faciles à saisir et les plus proches de cet ordre gradué observé dans les productions du règne végétal. De toutes les distributions imaginées jusqu'à ce jour pour la coordonnance des familles, aucune ne me paraît se rapprocher davantage de ce but, que celle dont M. De Lamarck a présenté le tableau. Long-temps méconnue, il paraît qu'enfin on en a senti l'importance : nous la voyons aujourd'hui employée, avec quelques modifications, par plusieurs auteurs modernes, mais sans qu'il soit fait aucune mention de celui qui en a posé les bases [1].

[1] L'amitié ne m'abuse pas, et jamais l'adulation n'a trouvé place dans mes écrits. M. De Lamarck me paraît être l'auteur qui a le plus contribué, parmi les modernes, à tracer la meilleure route à suivre dans l'étude de la nature : s'il n'a pas pu, au milieu de ses grands travaux, donner à ses principes tout le développement qu'il eût désiré, il y a jeté de ces idées fécondes en développemens. Les conséquences lumineuses que l'on en tire lui appartiennent en quelque sorte ; la reconnaissance et l'équité lui en doivent l'hommage. Quoique ses principes soient peu cités dans beaucoup d'écrits modernes, il est facile d'y reconnaître l'heureuse application que l'on a faite de ses ingénieuses découvertes, masquées sous des noms différens. Cette subtilité de l'amour-propre ne peut échapper à ceux pour qui les ouvrages de M. De Lamarck sont familiers : c'est ainsi qu'on a adopté, avec quelques changemens, sa distribution dans l'ordre des familles naturelles, sans qu'il y soit fait la moindre mention de celui qui l'a établie. Son tableau de la distribution des animaux et des végétaux sur deux lignes, avec des coupes graduées et correspondantes pour les uns et les autres, vient d'être répété par un auteur qui déclare, dans un avertissement, ne *pouvoir s'astreindre à suivre aveuglément les idées des autres*. Quand il les adopte, du moins devrait-il ne point se les attribuer. Les productions de la nature étaient distribuées en trois règnes ; M. De Lamarck, d'après des vues plus philosophiques, les a divisées en deux ordres, les *êtres organiques* et *inorganiques* ; division aujourd'hui généralement adoptée, mais sans citer celui qui en a fourni l'idée. Cependant un jeune auteur, dont les travaux seraient plus utiles s'ils étaient mieux raisonnés, a décidé, du haut de sa chaire, *qu'il trouvait au moins autant de distance entre les animaux et les plantes, qu'entre celles-ci et les minéraux* (voyez *Journ. de botan.*, vol. IV, p. 217). Jeunes gens, avant de prononcer d'un ton aussi absolu, attendez que vous ayez trente ans d'expérience : alors si l'étude vous a profité, vous aurez appris non à décider, mais à douter ; et quand vous voudrez savoir comment on doute, lisez le *Genera plantarum* de M. de Jussieu

CONCLUSION.

Pour conserver à l'étude de la nature cette simplicité qui la caractérise, ce charme secret qui nous attire, j'ai cru devoir éloigner, des élémens de la science, tout ce qui pouvait la rendre pénible et difficultueuse; j'ai cru que, pour étudier les plantes, il suffisait de les bien voir, de les voir telles qu'elles se présentent à nos regards, et non d'après ces hypothèses, débitées avec le ton tranchant de l'ignorance, qui égarent l'imagination, la promènent dans le pays des chimères, et substituent l'œuvre de l'homme à l'œuvre de la création. La science doit venir à notre secours, sans doute, mais sans cette sécheresse qui repousse, sans cette nomenclature qui masque les attraits de l'étude. Que la science se présente telle qu'elle doit être, simple, modeste, complaisante et aimable; qu'elle instruise sans pédanterie; qu'elle éclaire sans verbiage; qu'elle dirige nos idées, mais qu'elle ne les bouleverse pas; qu'elle se montre à nous comme ce pur rayon du soleil qui dissipe les nuages au lieu de les amonceler.

Tel est le but que je me suis proposé en publiant cet ouvrage. S'il n'eût été question que de présenter les élémens de la science, je me serais tu : assez d'autres les ont fait connaître avant moi, et peut-être beaucoup mieux; mais j'ai senti que s'arrêter, dans l'étude de la nature, à la seule connaissance des formes, à la distinction des organes, aux noms qu'ils ont reçus, et parvenir, par ce moyen, à la classification de chaque objet, ce n'était là qu'une préparation qui devait nous aider à pénétrer dans les grands mystères de la végétation; autrement, nous ne saurions que des noms, nous n'aurions vu que des formes; nous serions portés à croire que la nature ne les a tant variées que pour exercer, en quelque sorte, sa puissance créatrice, dans la vue de récréer nos yeux et d'étonner notre esprit.

Je l'ai déjà dit, c'est sans doute un grand bienfait du Créateur, de nous avoir constitués de manière à éprouver, par la seule contemplation de ses œuvres, un sentiment d'admiration et de plaisir; mais ce même sentiment, quand l'intelligence s'en empare, quand elle cherche à saisir les causes de cette belle harmonie établie partout, elle nous ouvre une nouvelle source de jouissances ; nous reconnaissons avec étonnement que ces formes si variées, ces vives couleurs, ces parfums, ces mouvemens presque spontanés; que la position, la modification de chaque organe concourent tous aux grands phénomènes de la végétation; qu'ils ont tous un but particulier relatif à l'individu qui les produit, un but général dans leurs rapports avec les autres êtres de la nature. Tel doit être le principal objet de nos recherches dans l'étude des plantes, ainsi que je l'ai fait voir dans le courant de cet ouvrage.

Les fonctions d'un organe, ses rapports avec les autres une fois connus, nous feront trouver la raison de la variété de ses formes; elles nous apprendront, par exemple, pourquoi les étamines sont si bien abritées dans les labiées, si bien renfermées dans la carène des papilionacées, tandis qu'elles sont exposées à l'air libre dans le lis, l'impériale, etc. : d'où vient qu'elles sont privées d'enveloppes protectrices dans la plupart de nos arbres à fleurs unisexuelles (vol. 1, pag. 239), etc.

J'ai essayé de rendre raison de ces différences; mais je n'ai pu citer qu'un petit nombre d'exemples, suffisant néanmoins pour mettre le lecteur sur la voie de l'observation, et fixer son attention sur des faits que la plupart se contentent d'admirer, sans rechercher les causes qui les produisent. Ainsi, pendant des siècles, on a vu une pierre lancée dans l'atmosphère, retomber sur la terre sans qu'on se soit demandé pourquoi elle tombait. Newton, le premier, s'est fait cette question, et la loi de l'attraction a été découverte. Il en est à peu près de même des phénomènes de la végétation : observons-les avec soin sous tous leurs rapports, ils nous conduiront à la découverte de quelques-unes des lois de la nature; mais ne nous tourmentons pas d'abord pour connaître les noms qu'il a plu aux hommes de donner à chaque plante, les systèmes qu'ils ont imaginés pour leur classification : c'est commencer par où il faut finir. Tout cela est bon à connaître, sans doute; mais, en attendant, qui peut nous arrêter dans nos observations? Sous ce rapport, la plante la plus commune sera pour nous aussi précieuse que la plus belle fleur des Indes : prenons la peine de l'étudier, et nous rougirons de l'avoir dédaignée. J'en ai cité un exemple pour le *pissenlit* (vol. 1, pag. 236).

On conçoit combien de jouissances habituelles nous prépare cette manière d'observer : elle est, pour le botaniste, une source féconde de découvertes ; pour l'homme du monde, une agréable distraction de ses travaux. Ce n'est point ici une étude de cabinet, une étude faite dans les livres : mon livre est ce gazon sur lequel je me repose; ses feuillets sont toutes les fleurs qui m'entourent : j'en étudie avec soin toutes les parties; je suis le développement, le jeu, le mouvement de leurs organes ; je les examine le matin, je les visite vers le milieu du jour, je les revois à son couchant, et je les trouve, avec étonnement, dans des situations différentes. Elles dorment le soir, s'épanouissent le matin, et souvent prennent, aux différentes heures du jour, des situations différentes : les unes, comme si elles appréhendaient le trop grand éclat du soleil, se ferment à son lever, et ne s'ouvrent qu'à son coucher; d'autres, au contraire, cherchent à s'abreuver tellement de ses rayons, qu'elles en suivent le cours sur leurs mobiles pédoncules. Ces faits, considérés ensuite dans leurs rapports avec la forme et la position des organes, nous mettent sur la voie des plus curieuses découvertes (vol. 1, pag. 240).

Que celui qui s'est exercé à ce genre de recherches me dise s'il en connaît de plus agréables et de plus variées : je serais bien trompé s'il pouvait ensuite supporter la lecture de ces prétendues découvertes physiologiques, qui sont plutôt le roman de la nature que le tableau de ses œuvres, et qui tendent à jeter une obscurité métaphysique sur des organes bien distincts, réduits, par eux, presque à un seul. Il y a, j'en conviens, quelques bonnes observations dans ces sortes d'ouvrages ; mais elles y sont placées comme les anecdotes dans les *romans historiques*, genre aussi monstrueux dans la littérature, que les écrits dont je parle le sont dans les sciences.

Je crois qu'on me pardonnera volontiers d'avoir, pour ma part, épargné, autant que je l'ai pu, ces dégoûts au lecteur, et j'ai presque la vanité de croire qu'en le plaçant au milieu des beaux phénomènes de la végétation, et le mettant sur la voie des observations, j'aurai plus fait pour la science que de l'avoir entretenu d'idées de réformes, de systèmes, ou de lui avoir présenté, comme l'objet le plus important de ses études, l'établissement et souvent la dilacération de genres, de familles, etc., dans lesquels l'arbitraire joue un si grand rôle[1]. A la vérité, j'ai exposé quelques opinions qui me sont particulières, mais je l'ai fait avec cette réserve qu'on doit avoir pour toute opinion qui n'est point rigoureusement démontrée. Comme elles m'ont paru être de quelque intérêt pour la science, j'ai cru devoir rappeler ici les plus essentielles, les soumettant non aux spéculations, mais à des observations constantes.

1°. J'ai dit (vol. 1, pag. 75) que je ne regardais les sucs propres que comme une combinaison de la sève avec les fluides de l'atmosphère, absorbés par les feuilles : d'où vient peut-être que la sève proprement dite, si abondante au printemps, avant la naissance des feuilles, l'est beaucoup moins, en apparence, après le développement de ces mêmes feuilles qui la convertissent en sucs propres.

2°. J'ai cherché (vol. 1, pag. 119) quelle pouvait être la cause de la chute des feuilles en automne ou de leur persistance; j'ai cru l'entrevoir dans la nécessité de la présence des feuilles pour la maturité des fruits. Ceux-ci, dans les *arbres verts* de l'Europe, ne parviennent la plupart à leur parfaite maturité qu'environ un an et plus après la floraison. En serait-il de même pour les arbres verts des autres contrées du globe?

3°. Il serait intéressant, pour la détermination exacte des organes, de vérifier, par de bonnes et nombreuses observations, tout ce que j'ai dit sur les limites à établir entre le réceptacle et le calice (vol. 1, pag. 149), ainsi que la distinction qui m'a paru exister entre le calice et la corolle (vol. 1, chap. XVII et XVIII).

4°. J'ai présenté sur les mouvemens des plantes, particulièrement sur ceux de direction, une théorie qui mérite d'être examinée (vol. 1, chap. XXVII).

[1] Quoique mes longs travaux aient eu pour but essentiel plutôt l'utilité générale que le désir de faire souvent parler de moi, soit en cherchant à établir beaucoup de genres nouveaux, soit en isolant, dans des mémoires particuliers, les observations qui me sont propres, l'*Académie royale des sciences* ne m'en a pas moins donné dernièrement un témoignage de bienveillance dans la nomination qui vient d'avoir lieu en remplacement de M. Debeauvois. J'ai vu, j'oserais dire avec étonnement, plus de la moitié des suffrages réunis un moment en ma faveur, et j'aurais l'honneur d'être admis aujourd'hui dans ce corps respectable, sans une circonstance particulière qui a donné quelques doutes : un billet, qui paraissait devoir être annulé, a déterminé à passer à un troisième scrutin. J'aime à saisir cette occasion pour témoigner ma vive reconnaissance à tous ceux qui ont bien voulu m'honorer de leurs suffrages.

5°. J'ai cherché à déterminer (vol. I, chap. XXV) en quoi consistait la vie dans les plantes, et jusqu'à quel point elles jouissaient de ce grand bienfait. En la comparant à la vie des autres êtres organisés, j'ai fait connaître pourquoi les plantes n'étaient pas, comme eux, douées de la conscience de leur existence : je crois que ce grand sujet est digne des réflexions d'un philosophe observateur.

6°. J'ai exposé, dans le chap. II du vol. II, les motifs qui me portaient à croire à la formation de nouvelles espèces. Depuis la publication de cet article, j'ai reconnu que Linné, qui s'était d'abord prononcé contre cette opinion, l'avait presque abandonnée depuis : on lit le passage suivant dans ses *Aménités académiques*, vol. VI, pag. 296 : *Suspicio est quam diù fovi, neque jam pro veritate indubiâ venditare audeo, sed per modum hypotheseos propono, quod scilicet : omnes species ejusdem generis ab initio unam constituerint speciem, sed postea per generationes hybridas propagatæ sint, adeò ut omnes congeneres ex unâ matre progenitæ sint, horum verò ex diverso patre, diversæ species factæ.*

Après avoir suivi les plantes dans tous les phénomènes de la végétation, dans les rapports des organes entre eux, dans leurs fonctions; après avoir reconnu que tout cet appareil d'organes était destiné, d'une part, au développement et à l'entretien de la vie du végétal; d'une autre part, à en assurer la reproduction au moyen des semences, si nous considérons ensuite ces mêmes plantes en rapport avec les autres êtres de la nature; si nous recherchons quel peut avoir été le but de leur création, nous reconnaîtrons que, par leurs produits, elles ont été, en grande partie, destinées au soutien de la vie des animaux, et, par leur décomposition, à l'accroissement de ce globe, dont les couches extérieures, même à des profondeurs très-considérables, ne doivent leur formation qu'aux *détritus* des végétaux, telles que ces couches immenses de tourbes, de houilles, ces lits de bois fossiles, etc., dont l'origine ne peut être méconnue. C'est ainsi que l'étude des végétaux nous conduit à celle de la *géologie*, et semble nous en ouvrir la porte [1].

Arrivés à ce degré de connaissances, que d'idées vives et

[1] Voyez ma *Dissertation sur l'étude de la géologie* (*Journal de physique*, messidor an XIII).

lumineuses s'emparent de notre imagination! quel caractère de grandeur imprimé sur tous les objets qui nous entourent! quel tableau que celui de l'univers considéré dans l'harmonie de tous les êtres qui le composent, dans ces mutations de fluides en substances végétales, de celles-ci converties, soit en une terre qui devient le berceau d'une végétation plus abondante, soit en tourbes qui élèvent les marais, comblent les lacs et les étangs jusqu'à ce qu'ils soient parvenus à offrir leur surface au soc de la charrue (vol. 1, *Vues générales*).

Frappés de la profondeur de ces méditations, nous sommes nous-mêmes étonnés de la hardiesse de nos conceptions, et de l'immense carrière que nous avons parcourue en nous reportant à notre point de départ; nous pensions d'abord n'étudier qu'une simple plante : elle nous a conduits à la contemplation de l'univers, presque sans nous en douter, par une suite d'observations simples et faciles, par la succession d'idées qu'elles ont occasionée sans autre secours que nos propres réflexions, sans avoir besoin des livres de l'homme, encore moins de ses systèmes : la nature et son sublime auteur ont seuls occupé notre pensée.

Nous avons vu les plantes orner la surface du globe, nous les avons admirées dans leur éclat; mais lorsque nous retrouvons, dans le sein de la terre, leur squelette conservé depuis des siècles entre des couches de schistes, dans des lits de tourbes, etc.; lorsque nous nous reportons à l'époque de leur existence, bien antérieure à celle de l'histoire écrite; quand nous retrouvons, dans notre Europe, des fougères d'Amérique; dans nos provinces septentrionales, les palmiers du désert, que de réflexions viennent occuper notre pensée! Avec quel intérêt nous contemplons ces antiques momies, conservées par le temps, amenées ou produites dans des localités qui aujourd'hui leur sont étrangères! Mais je m'arrête..... : il me suffit d'avoir fait entrevoir la liaison qui existe entre toutes les productions de la nature, et combien leur étude est digne d'occuper tout esprit qui veut jouir de ses prérogatives et s'élancer hors des ténèbres de l'ignorance.

J'ai conduit le lecteur jusqu'aux livres classiques; je lui en ai fait voir l'usage par l'exposition des méthodes et systèmes les plus généralement adoptés : le choix qu'il doit en faire dépendra de l'étendue qu'il se propose de donner à ses recherches. S'il les borne aux plantes de France, à celles du pays qu'il habite (par où il faut toujours commencer), la *Flore française* de MM. De Lamarck et Decandolle lui sera suffisante, et même la *Flore des environs de Paris*, de M. Mérat, s'il ne s'étend pas beaucoup au-delà de cette localité. Ces ouvrages, écrits en français, seront très-utiles à ceux qui sont peu familiers avec la langue latine. Au reste, il est aujourd'hui peu de localités qui n'aient leur flore particulière; mais il n'est point question, dans ces ouvrages, des plantes exotiques cultivées dans les jardins : il faut alors, pour celles-ci, consulter des traités particuliers, ou avoir recours aux ouvrages généraux, tels que le *Species plantarum* de Linné, surtout la dernière édition publiée par Willdenow; mais ce savant botaniste, enlevé trop tôt aux sciences, n'a traité, dans la *cryptogamie*, que les fougères. On peut y suppléer par des ouvrages partiels, tels que, pour les champignons, le *Synopsis fungorum* de Persoon; Acharius, pour les *lichens;* Hedwig et Bridel, pour les *mousses;* Lamouroux, pour les *plantes marines*, sur lesquelles nous n'avons encore rien de complet.

Je ne puis m'empêcher de conseiller le *Dictionaire de botanique de l'Encyclopédie méthodique*, non parce que j'en ai publié la partie la plus étendue, mais comme le seul ouvrage dans lequel on trouve la description de toutes les espèces connues, les autres livres classiques se bornant assez généralement à une seule phrase spécifique pour chaque plante, à quelques synonymes et au lieu natal. Il faut ajouter à ce dictionaire les *Illustrations des genres* [1], disposés d'après le système sexuel de Linné, ouvrage le plus utile que je connaisse pour la distinction des genres, qui offre, pour chacun d'eux, l'exemple d'une ou de plusieurs espèces figurées, avec les détails qui en constituent le caractère.

Ici se termine la tâche du botaniste : parvenus au nom de chaque plante, nous n'avons plus rien à lui demander; mais l'esprit humain, tel satisfait qu'il soit de ces recherches et

[1] Les *neuf premières centuries* de figures ont été publiées par M. Delamarck, avec le texte pour la première centurie : je l'ai continué pour les autres, et j'y ai ajouté une *dixième centurie* pour les genres nouvellement découverts. Pour la facilité des recherches, j'ai placé à la tête de chaque classe le tableau des genres qu'elle renferme. Cette marche méthodique conduit au nom de chaque genre dont les détails se trouvent dans le dictionaire; elle fait disparaître l'inconvénient de l'ordre alphabétique.

de cette marche méthodique, ne peut, sans regrets, les voir terminées par une simple nomenclature : il la regarde, au contraire, comme le point de départ qui doit le mettre en relation avec tout ce qui a été observé sur l'historique, l'emploi, les propriétés et les vertus des plantes. A quoi serventelles? *Cui bono?* est la question que chacun adresse au botaniste; question à laquelle on ne répond ordinairement qu'en renvoyant aux chimistes, aux médecins, aux agriculteurs, aux artistes, etc. Sans doute le botaniste, renfermé dans la sphère de sa science, ne peut, sans en sortir, se livrer à la recherche des propriétés des plantes, de leur emploi dans l'agriculture, la médecine et les arts; mais il pourrait du moins nous apprendre les observations les plus importantes qui y ont été faites par l'application de ces différentes sciences, ainsi que l'histoire et l'époque de leur découverte, celle de leur nomenclature, plus importante qu'on ne l'imagine, etc. (vol. II, *De la nomenclature*, pag. 37). A la vérité, une synonymie judicieuse peut nous mettre sur la voie, en nous renvoyant aux auteurs tant anciens que modernes qui en ont traité spécialement; mais que de volumes nombreux nous sommes forcés de parcourir! Quelle fatigante érudition n'avons-nous pas à supporter avant de rencontrer quelques faits dignes de notre attention!

Il est étonnant, je l'ai déjà dit ailleurs (vol. I, pag. 276), que, pour rendre cette jouissance plus facile au lecteur, aucun auteur n'ait encore entrepris de présenter, dans un ouvrage indépendant des classiques, un historique pour la plupart des plantes de l'Europe, connues depuis très-longtemps, ainsi que pour quelques autres exotiques acclimatées ou cultivées dans nos jardins. Cet ouvrage, pour lequel j'ai déjà recueilli beaucoup de notes, j'oserai peut-être l'entreprendre, si mes forces et le temps me le permettent.

TABLE

DES CHAPITRES CONTENUS DANS CET OUVRAGE.

PREMIER VOLUME.

SECOND VOLUME.

Pages.

FIN DE LA TABLE.

DESCRIPTION
DE L'ÉGYPTE.

Extrait du Moniteur.

Nous avons annoncé qu'avec l'autorisation du gouvernement, juste appréciateur de tout ce que les grands monumens typographiques, consacrés aux lettres et aux arts, répandent de gloire sur une nation, et ajoutent au mouvement de son commerce et de son industrie, avait autorisé un de nos plus célèbres imprimeurs à faire une seconde édition du magnifique ouvrage consacré à la *Description de l'Egypte*. M. Ch. L. F. Panckoucke, auquel cette autorisation a été concédée, s'occupe sans relâche de seconder dignement l'intention du gouvernement, et nous avons sous les yeux le *Prospectus* qu'il fait paraître. Nous en extrairons le titre de l'ouvrage et les conditions de la souscription.

Description de l'Egypte, ou *Recueil des observations et des recherches faites en Egypte pendant l'expédition de l'armée française.* Seconde édition, dédiée au Roi, publiée par C. L. F. Panckoucke; vingt-cinq volumes in-8° de texte et neuf cents gravures format grand atlas, grand aigle, grand monde, format dit grand Egypte, etc. Ces gravures sont imprimées sur les cuivres mêmes de la première édition, dont il a été tiré peu d'exemplaires.

Conditions de la souscription.

L'ouvrage paraîtra par livraison de cinq planches, chacune format grand atlas, imprimée sur papier fin et satiné. Ce papier est aussi beau que celui de la première édition. Le prix sera de 10 francs chaque livraison étiquetée.

On paiera en souscrivant deux livraisons à l'avance, qui seront les deux dernières de l'ouvrage.

Lorsqu'il sera inséré une planche grand aigle ou format grand monde ou Egypte dans une livraison, cette planche représentera deux planches du grand atlas pour le prix, et la livraison ne contiendra alors que quatre planches dont le prix sera toujours de 10 fr. Il n'existe que vingt-quatre planches des plus grands formats dits grand monde et Egypte (1).

Les volumes de texte in-8°, imprimés avec des caractères neufs cicéro, sur très-beau papier, sont accompagnés de vingt-huit planches. *Monumens astronomiques. — Recherches sur les bas-reliefs astronomiques. — Système métrique des Egyptiens. — Pierre de Rosette, ins-*

(1) Ainsi, grâce à la munificence du gouvernement, chaque planche d'un format grand atlas, sur très-beau papier satiné, sera donnée aux souscripteurs pour 2 francs, et chaque planche grand aigle et grand Egypte pour 4 francs; les premières vaudraient dans le commerce 36 francs : un portrait de ce format a coûté 6,000 francs de gravure; les plus grandes planches vaudraient dans le commerce 60 à 80 francs; des planches détachées ont été payées dans les ventes 100 à 150 francs.

cription intermédiaire. — Médailles de Syrie. — Branches du Nil. — Portraits de feu Conté, — de feu Lancret. — Monnaies du Kaire. — Alphabet harmonique. — Exhaussement de la vallée du Nil.

Le prix de chaque volume de texte, y compris ces vingt-huit planches, sera de 7 francs, et, franc de port, 9 francs.

La liste des souscripteurs sera imprimée à la fin de l'ouvrage, sous le titre de souscripteurs associés et fondateurs de cette édition.

Les premiers souscripteurs auront les premières épreuves : il est donc essentiel de se faire promptement inscrire.

Des communes et plusieurs familles ont fait des demandes.

Aucune souscription ne pouvait être annoncée sous des auspices plus favorables. La première édition sera bientôt entièrement achevée. Les souscripteurs sont assurés que la seconde édition n'attendra pour être terminée que le temps qu'ils exigeront eux-mêmes : ici la célérité ne pourra nuire à la perfection.

Dans les cinq planches de chaque livraison, on en placera deux ou trois d'antiquités, une ou deux d'État moderne, une d'histoire naturelle ou de géographie.

Il paraîtra une ou deux livraisons tous les vingt jours, ce qui fera une dépense de moins de 20 francs par mois; plus tard, les livraisons se succéderont plus rapidement, selon le désir des souscripteurs, et comme toutes les planches sont gravées, la publication entière pourrait être terminée dans deux ans ou deux ans et demi.

Au moyen de ces facilités de souscription, beaucoup de personnes pourront placer dans leur bibliothèque un véritable monument national, qui retrace une de nos plus honorables conquêtes, et les souvenirs de tant de gloire acquise et de tant de peine souffertes par des Français, souvenirs qui se rattachent à l'histoire de ces temples fondés bien avant la guerre de Troie, et aux annales d'une contrée célèbre, qui fut le berceau des sciences et des arts.

La souscription est ouverte à Paris, dans les bureaux de la seconde édition de la *Description de l'Egypte*, rue des Poitevins, n°. 14, où l'on pourra voir une partie des planches imprimées, et chez tous les libraires de Paris, de la France et de l'étranger.

C. L. F. Panckoucke.

N. B. Les journaux annonceront la publication de la première livraison.

www.ingramcontent.com/pod-product-compliance
Ingram Content Group UK Ltd.
Pitfield, Milton Keynes, MK11 3LW, UK
UKHW020248180726
13839UKWH00001B/249

9 782329 613628